建筑的寓言

The Allegory of Architecture

著名设计师演讲录

The Speeches of Famous Designers

庄雅典——主编

北京大学出版社
PEKING UNIVERSITY PRESS

图书在版编目（CIP）数据

建筑的寓言：著名设计师演讲录 / 庄雅典主编．—北京：北京大学出版社，2018.11
（设计艺术场）
ISBN 978-7-301-29956-2

Ⅰ.①建… Ⅱ.①庄… Ⅲ.①建筑设计－中国－文集 Ⅳ.①TU206-53

中国版本图书馆CIP数据核字（2018）第233784号

书　　名　建筑的寓言：著名设计师演讲录
JIANZHU DE YUYAN
著作责任者　庄雅典　主编
责任编辑　路倩　艾英
标准书号　ISBN 978-7-301-29956-2
出版发行　北京大学出版社
地　　址　北京市海淀区成府路205号 100871
网　　址　http://www.pup.cn　　新浪微博：@北京大学出版社
电子信箱　pkuwsz@126.com
电　　话　邮购部 010-62752015 发行部 010-62750672 编辑部 010-62707742
印 刷 者　北京中科印刷有限公司
经 销 者　新华书店
720毫米×1020毫米　16开本　14印张　212千字
2018年11月第1版　2018年11月第1次印刷
定　　价　88.00元

设计艺术场

序言

与庄雅典先生和潘冀先生的缘分始自中央美术学院“雅庄建筑设计讲座”。其后，我们又因在台湾某建筑项目中再度携手，有了更加深入的沟通与交流。从事建筑设计近三十年，很高兴有机会可以重新回到我所熟悉并富有热忱的教育领域，与庄雅典先生开展相关富有意义的合作。

在此之前，基于“雅庄建筑设计讲座”的《建筑与时尚》《建筑的奇幻之旅》《建筑的起点》三本演讲实录已相继面世。很荣幸，时隔三年的第四本，选择以我的演讲题目“建筑的寓言”为全书主题。在建筑领域执业多年，我一直相信好的建筑应该是形神兼具、能呼吸、会说话的。《周易》中道：“立象以尽意。”“意象”这个中国传统美学中的概念与源于西方的建筑学科结合，便产生了感性与理性之间奇妙的化学反应。

对我来说，具有象征意义的建筑是唯一的，它们能够自己讲述其背后独特的历史与人文故事。同我一起参与本期演讲的另外几位杰出设计师也分享了他们心中的“唯一”：丁沃沃分享了她对“城市设计”的洞见；汤桦表达了他的建筑“乡愁”，认为建筑需要有人文主义；李兴钢就“人工与自然”展开讨论，透过“胜景几何”的概念求索当代生活的诗性世界；安郁茜讲述了她在台湾实践大学主持校园总体规划的经验；王建国强调建筑不是孤立的设计，而是环境和社会的一部分；庄惟敏认为建筑应体现出理性的创意，是场所精神的具现；李虎围绕自创概念“OPEN ReAction”发散出了更为广阔的思想世界。相信这些背景、经历各异的建筑设计师的思想碰撞，能够激荡出更多具有人文关怀的建筑“寓言”。

20世纪90年代在台湾铭传大学创立建筑系之时，我便与校园结下了不解之缘。之后，又任教于博士母校清华大学和中央美术学院。在与不同地域、不同背景学生的教学互动中，我不断对建筑设计进行反思，并由此获得了成长。我由衷希望中央美术学院“雅庄建筑设计讲座”这一有意义的活动能得以延续，为我们带来更多激烈的思维碰撞和发人深省的设计思考。

温子先 于北京
2018 年 8 月 20 日

目录 | *Contents*

1

建筑的寓言
——温子先

温子先

Aedas 全球设计董事。先后在美国宾西法尼亚大学和清华大学获建筑学硕士及博士学位，从事建筑设计已逾二十五年，拥有广博的项目经验。作为一名享誉全球的建筑设计大师，温子先凭借其独到的创意理念及优异作品，屡屡斩获设计创意和建筑设计的各类国际奖项，如世界建筑节大奖、亚太商业房地产大奖、美国建筑师学会大奖等。他还是一位对建筑充满热情的学者，曾于台湾知名私立学府铭传大学任建筑系主任，亦在北京的清华大学及中央美术学院兼任教授。

今天的题目叫 Parables（寓言），想和大家分享我们的设计是怎么来的，它们所代表的含义和过程。为什么叫 Parables（寓言）？我相信建筑不应该只是形，不应该只是功能。建筑是有含义、有代表性、有故事的，它是活生生的，会呼吸、会讲话，是等待被体验、期待被赞美的多姿多彩的生命体。

第一个故事　太湖石

中国苏州　西交利物浦大学中心楼

西交利物浦大学的竞赛项目是要做一个中心楼，建筑形象要象征教育。项

西交利物浦大学中心楼建筑外观，中国苏州

西交利物浦大学中心楼图书馆外观局部，中国苏州

西交利物浦大学中心楼六层，中国苏州

目地点在苏州，我在那里第一次见到太湖石，发现里面有很多孔洞，形状也很特别，后来知道了太湖石的特点是空、透、漏、瘦、皱。太湖石不仅在苏州很有代表性，在中国历史上也非常有特色，它的形态代表着中国古代文人对自然的理想化诠释，因此也被称为学者之石，英文译作 Scholars’ Stone。很多植物生长在太湖石里面，充满了生态的概念。我们由此获得灵感，将生态的理念贯穿于项目设计中，这一建筑后来在国际上也屡获殊荣。

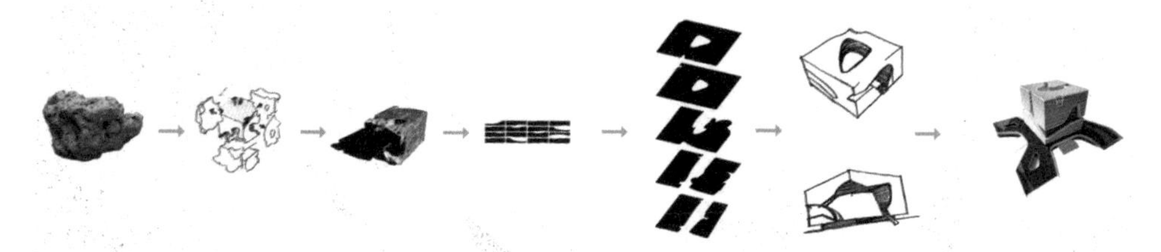

西交利物浦大学中心楼概念示意图，中国苏州

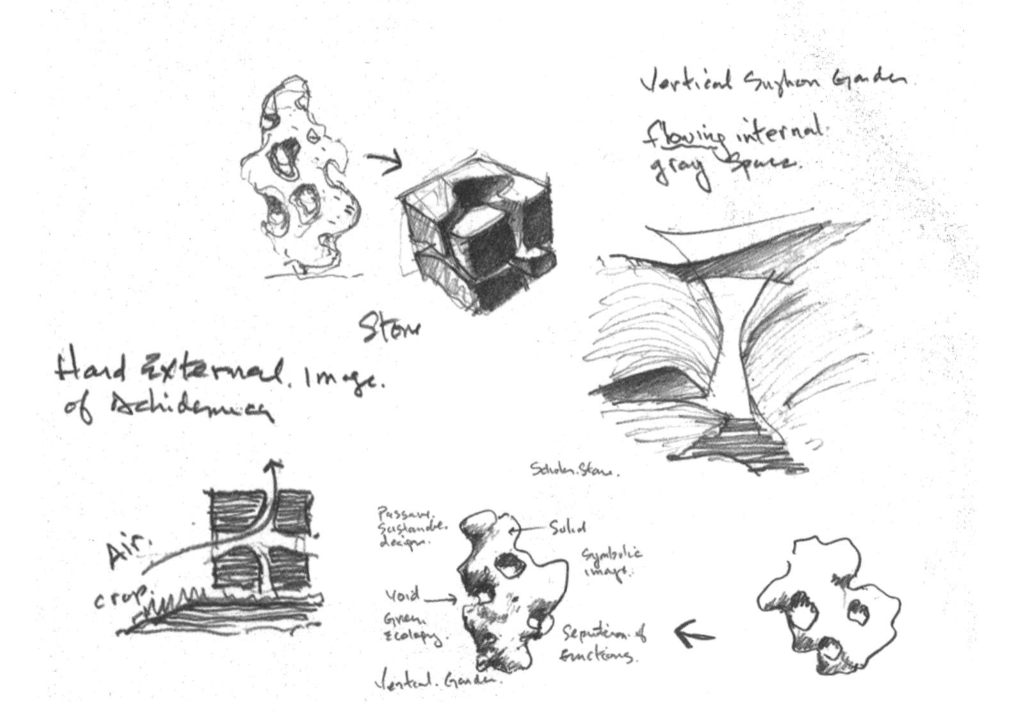

西交利物浦大学中心楼概念手绘图，中国苏州

西交利物浦大学中心楼由行政中心、学生信息中心、培训中心和学生活动中心四部分构成。与其他七家竞赛公司的常规设计思路不同，我们想格外重视设计的干净利落。我们将太湖石内部错综复杂的孔洞通过切割的手法暴露出来，在满足公众趣味的同时解决了建筑所必需的采光、通风、交通等问题，与具体的使用功能也有了更好的衔接。另外，建筑的内部空间也因这些孔洞所形成的灰空间，与周围环境有了更加密切与直接的互动。在传统的苏州园林里，石头只能作为被欣赏的孤立个体，而我们则让这栋如太湖石般的建筑以一种更积极的姿态矗立于校园之中，吸引人们徜徉其中。孔洞穿透整个建筑，既把四个功能不同的部分进行了区隔，又将所有的功能汇集在一栋楼内。

西方建筑是外向的，中国的园林建筑都是内向的。与传统的中国建筑不同，这一建筑既是内向的，同时又是立体的、生态的，冬暖夏凉，这样的设计符合我们中国的环境特征。贯穿东南立面的孔洞，在夏季能促进自然风流入建筑内部；西北立面为坚固实体，在冬季能阻挡寒风进入室内。而展开立面则整体呈现出一种蚁穴般的奇妙构造。

西交利物浦大学中心楼立面示意图，中国苏州

从概念上来说，我认为教育类建筑，外观要看起来很规矩方正，而内部则要很流畅。我们把四种不同的功能分布在不同的空间，建筑中间是空的，可以看到分散在其内部的不同功能空间。我们在三层的屋顶上做了一个生态农场，学生可以在上面种菜。从建筑的下面往上看，每一层都有园林，由此，各层的剖面形成了立体化的苏州园林。室外的景观与室内流畅通透的空间没有明确的界限，就像苏州园林一样，当人进去，实际上感觉还是在外面。这个建筑空间有不同的功能可以分享，空间有高有低，除了冬天以外，学生都可以在室外上课。

第二个故事　卵石

中国台北　砳建筑

这座设计灵感取自鹅卵石的建筑，是我在台北的一个项目。这个项目的设计过程颇有趣味。我们大部分的设计项目都要通过竞标，而这个是被邀请的设计项目。首先，需要大家参与分析，做一个内部设计方案，而我们做了五个方案，甲

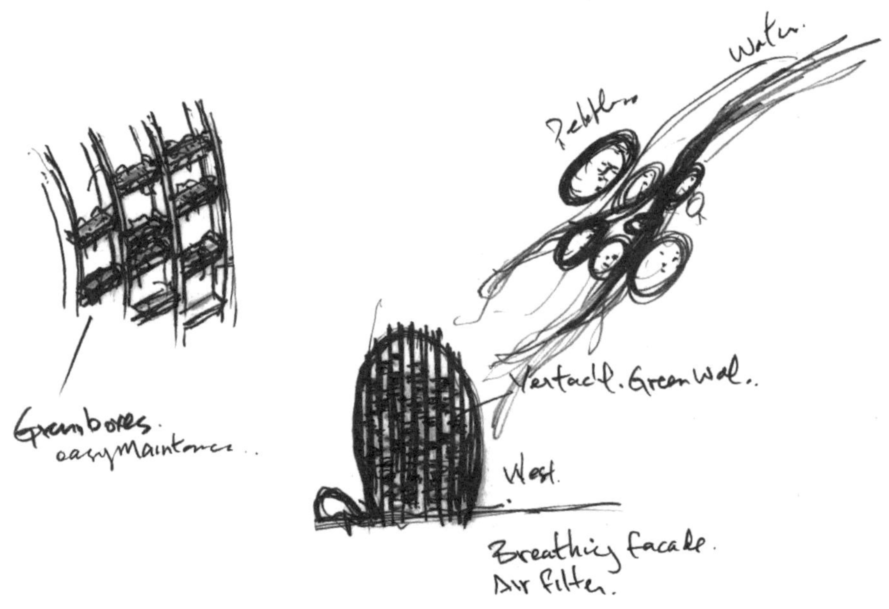

砳建筑概念手绘图，中国台北

砳建筑建筑外观，中国台北

方对每一个都很喜欢。我请对方公司的负责人选定一个方案，我们回去之后再深化它。他给我的答案是，方案二和方案五。只能选一个，而他要两个方案。方案二的形态是一座生态的墙，强调非常通风的概念；方案五的形态就是一块鹅卵石。他让我把这两个方案合并在一起，做成一个方案。

所有技术人员、建筑师和工程师等这些习惯逻辑思考的人都选方案二，而所有非专业人士都选方案五。一个是理性，一个是感性。方案五的建筑造型来源于在基地上找到的两块鹅卵石。如果在台湾的河塘边拿起一块石头，下面会看到一些青苔。这就是我的设计概念：石头和它下面的青苔。

最后完成的设计方案是两栋楼。西面的墙做成了一个绿色墙体。因为台湾

砳建筑室内城市客厅，中国台北

砳建筑西侧绿植立面，中国台北

是亚热带气候，春天和秋天有西晒，西边做一个可呼吸的墙，可以让光线进来而不让热度进来，墙上还设计了自动喷淋，每天可以自动洒水，灌养分进去。同时，我们还采用了城市客厅的概念，每一层都有露台，每三层共用一个城市客厅，同公司的人可以共享一个能喝咖啡、休息、聊天的户外空间，让在这里面工作的人有一个非常好的环境。阳光从南边通过反射可以部分进入建筑内部。我相信美院的学生很喜欢做异形，做了异形就要想怎么去执行。项目一旦进入到执行阶段，往往就会很痛苦，在进入施工阶段之前，我们要设计好建筑每一部分的角度。

这个建筑还未开盘就已经全部售罄。但比起我在中国大陆设计的建筑，这个项目的规模很小。

第三个故事　祥云

中国徐州　苏宁广场

这个项目位于徐州市最繁华的中心地段，彭城广场的东侧，周围是黄金商业区。项目融合了购物中心、写字楼、五星级酒店和高档酒店式公寓，旨在成为立足徐州、辐射周边的多功能商业中心。

项目规划用地分为三块。但总体规划将三块地当作一整块统一进行考虑，基地内南北向有一条巷路作为内部道路使用，商业裙楼连通，以加强项目建筑的整体感。商业裙楼上的主塔楼集甲级写字楼、酒店式公寓、五星级酒店于一体，成为引领整个项目的标志性建筑。

整个建筑的造型以平滑的弧形立面为主，追求简洁的流线型风格。裙楼与塔楼均呈现出流畅、平滑的视觉感，意在营造充满动感和令人兴奋的商业气氛。立面以水平线条为主，强调环状上升的趋势，流畅的线条使得视线随建筑造型无限延伸。

徐州苏宁广场，中国徐州

徐州苏宁广场，中国徐州

第四个故事　书匣

中国台北　欧洲学校阳明山校区校园扩建工程

该项目为台北欧洲学校阳明山校区校园扩建工程，总面积 19,361 平方米。项目位于风景优美的阳明山上，紧邻著名的华冈艺校。

在规划上，如何在满足功能需求的同时创造出最大的校园及户外活动空间成为挑战。我们巧妙地利用场地坡地的特点，将剧场、运动场等大功能空间设置于地下，在最大限度利用容积的同时，赋予整个校区三个宽敞的主题活动区。

我们在设计中充分考虑到了当地的气候条件。项目设计方案以中华文化中藏书的“书匣”为理念，在立面上创造出一系列的“壳”。在暗喻欧洲学校文化之“书”藏于本地文化脉络之“匣”中的同时，使功能空间的自然采光最大化，并为其提供遮阳系统，大大减少了建筑对人工照明及空调的依赖。

欧洲学校阳明山校区校园，中国台北

项目的空间设计意在传承当地文化脉络，以“弄”为灵感，借尺度相似的街巷打造学校的公共互动空间；又借鉴当地传统“花园”的特点，创造出分布在多个楼层的亲近自然、活泼独特的活动空间。

第五个故事　蛟龙出海

中国珠海　横琴国际金融中心

这个项目由 Aedas 主席及全球董事纪达夫、执行董事林世杰与我一同设计。项目位于横琴，离香港、澳门和深圳都非常近，或许它们以后会成为整个亚太地区的四条经济小龙。我们未来会在横琴建一个新的 CBD 中心岛，这一项目就在这个岛的正中心。我们的设计中包括一座塔，大概 333 米高，它将来会成为整个

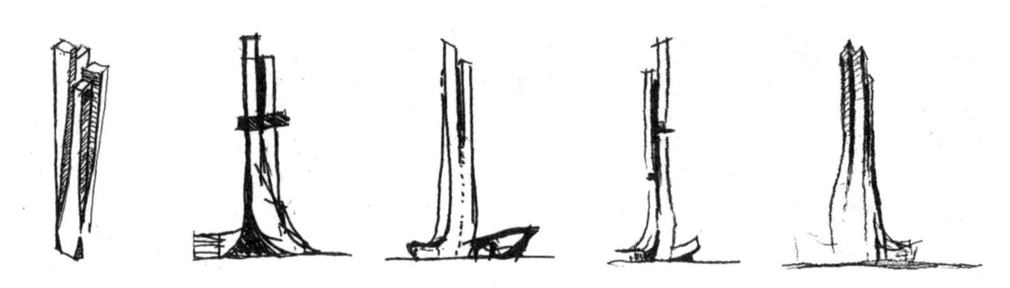

横琴国际金融中心概念手绘图，中国珠海

地区的一个地标。我们当时就在想，怎样让这一建筑有代表性，怎样把不同的功能全部都串在一起。

该项目的设计灵感来自中国古典绘画经典作品——南宋陈容的《九龙图》，图中形态各异的神龙在滔天骇浪和变幻莫测的风云中纵横穿梭、气势逼人，由此，我们将设计概念定义为“蛟龙出海”。在中国古典文化中，蛟龙能够呼风唤雨，象征着冲破困难的新生力量，寓意未来这片规划中的金融新区能够蓬勃发展。龙在中国文化中非常有代表性，这样的建筑形象在这个地区会备受关注。

建筑办公空间入口的雨篷曲面与塔楼立面自然连接，酷似被风吹起的垂帘；商业空间入口则以流动的弧面线条吸引人流；会展大堂通高的玻璃中庭与旗舰店几何拧转的造型共同创造出建筑裙楼独一无二的空间感受和形体特征。

四栋塔楼由裙楼扭转而上，塔楼上部的高端商务公寓呈风车形布局，既最大限度地为户型提供了良好的通风条件，又增加了景观面。塔楼最上面有一个永远不会熄的灯塔。四栋塔楼也代表着四个经济中心，我们把它们合在一起，汇成一栋楼。我们在做每个建筑的时候，都是从历史、人文或者环境中寻找灵感。这个楼现在已经封顶，预计 2018 年会完成。

横琴国际金融中心建筑外观，中国珠海

横琴国际金融中心塔楼及裙楼外观，中国珠海

施工中的横琴国际金融中心，中国珠海

问答部分

Q1：横琴国际金融中心这一超高层项目，看起来是四栋楼，其设计概念是什么？有什么特色？

温子先：那是由四栋组成的塔楼，看起来是一栋建筑，实际上是四栋建筑。其设计概念很通俗易懂：四条龙。珠海现在是中国南方四个经济开发区（即香港、深圳、广州、珠海）之一，因此，这个项目的设计概念是四条龙结合在一起。它是一个写字楼，里面也有一些小公寓、大住宅，筒形核心部分的每一根柱子都是直的，是非常理性的一个建筑物。我们希望它可以通风，所以设计了四片建筑组合在一个核心筒上，内部由一条动线逐个串连的结构。

Q2：西交利物浦大学中心楼这一项目比较异形，是使用什么方法进行处理的？

温子先：一般商业建筑都是与开发商合作的，但这一项目不同。因为这个学校有很大的容积量，因此不存在容积的问题。八家竞标单位中只有我们的设计是一栋楼，但又利用空间把各部分分开，再使用一座桥将它们连在一起。下面是一栋楼，上面是三栋楼，一座桥把三栋楼连在一起，但是又没有增加什么成本。我们在幕墙上使用钛芯板和穿孔铝百叶，结构没有增加，成本还比较经济。一般建筑最贵的就是它的幕墙，这一建筑的幕墙比较少，所以最后成本很划算。然而我们并不是因为经济成本比较低才赢得了这个项目，最后还是因为结构取胜了。

Q3：一般来说，您做这种异型建筑物是直接想到异形再做实体，还是根据实体再想象到它是一个什么概念？

温子先：你的问题是先有概念，还是先有有形的建筑。其实两个都有可能。西交利物浦大学的项目是先有那个石头。欧洲有一些建筑可以说话，是因为它有一些故事性的东西在里面，是互动性的。其实，我们所有的东西都是先推敲功能，团队再开始画图，其中70%的内容都是由故事的意象产生的。我希望每一个作品都是唯一的，这也是我们一直在坚持的。我们的设计作品的创作永远都是一个无限推敲、创意的过程，这是非常重要的。

Q4：我们都面临怎么跟开发商解释造型的问题。多数时候可能是先把造型做好，再慢慢试着去找可以跟业主沟通的卖点。

温子先：当然，功能是首要的，商业价值的认定其实是很清楚的，但是怎样去整合概念，加入一些故事，这也是一个蛮有趣的过程。功能永远是第一位的，很多创意不是桌子上就有的。当你在解决问题的时候，不见得有创意。很多创意是你在咖啡厅休息或者跟朋友交流，或者晚上睡觉、喝酒的时候产生的。建筑是空间、概念、细节，做建筑就是在说故事，这是我个人对建筑的理解。

Q5：我看到您所有的设计都非常东方、非常舒适。但是很多时候业主会要求你妥协，要不就不用你，就像台北的客户说我要两个方案的结合。遇到这类问题，您是怎么与客户博弈的?

温子先：这个问题非常好。yes or no，不能妥协但又永远需要妥协，或许妥协会让你做得更好。台北的项目让我妥协方盒子和幕墙，妥协不了。但是当把以绿植、生态、通风为特点的会呼吸的建筑跟一个有形的建筑结合在一起时，我的建筑变得更好了。我们的甲方一般都是规模非常大的甲方。我们公司会提供许多位建筑师让甲方选，我只是其中一个设计师。现在只有做多元、有特点的东西，才能得到客户持续的欣赏和选择。

至于妥协的问题，会来找我的甲方，他不希望我妥协，但是他希望我配合把作品做得越来越好，这是我们可以妥协的。

城市·设计：从“形体”到“空间”
——丁沃沃

2

丁沃沃

中国著名建筑教育家。1984 年毕业于南京工学院建筑系（现东南大学建筑学院），获硕士学位；2001 年，荣获瑞士联邦苏黎世高等工业大学建筑系博士学位；1998 年，任东南大学建筑系教授；2000 年，任南京大学建筑研究所教授、副所长、博士生导师；2006—2010 年，任南京大学建筑学院院长。现任南京大学建筑与城市规划学院院长，

今天分享的主题是城市和设计。讲座主要分为四个方面的内容，第一是引言：为什么建筑学需要讨论城市设计；第二是缘起：城市设计作为学科有着怎样的发展历程；第三是分类：我国现阶段城市设计的类别；第四是设计：设计需解决的问题。

引言：为什么要讨论城市设计

当我们在天空中分辨大地景观时，大规模集聚的建筑群让我们意识到这里是城市；当我们长途跋涉发现大量的建筑映入眼帘时，我们意识到自己来到了城

市；当我们周边环绕着高楼大厦时，我们会说我们在城市中。这些人类认知的常识早已将“城市”和“建筑”混在一起，完全无法割裂：城市由很多的建筑构成，而建筑是城市的基本单元。实际上，讨论建筑问题的角度历来多样，只是我们习惯关注单体建筑。而今天，我要从城市的角度讨论建筑，事实上，目前城市已经成为建筑学理论的重要语境。

全球的城市化进程已将地球的自然景观逐渐转化为城市景观，驱动转化过程的是经济利益。通过全世界的城市分布可以看到，欧洲人口最为密集，其次就是现在的中国和东亚国家。城市化进程尚未完成，这些数据提醒我们，中国将会是人口最为集中的国度之一。换句话说，我们的城市密度还会进一步提高，而现在仅是城市集聚的初始阶段。有几位艺术家根据目前人们利用先进的技术手段无限扩张城市的疯狂态势，绘制了包裹地球的城市图像，向人们展示了所有陆地都充满建筑的画面，提醒人们保护地球的原生态资源已迫在眉睫。

目前，我们国家已经提出城市发展要保护历史、善待自然、适度集聚、控制用地规模，并通过划定城市边缘线限制一线大城市扩张。一方面，人口依然向一线城市集聚；另一方面，规模已经庞大的一线城市被限制扩张。那么，怎样解决人口对建筑的需求、对城市公共服务的需求、对城市生活品质的需求？这项任务理所当然地落在了建筑师的肩膀上，建筑师应该有所担当。

建筑学是什么？应该怎么样盖建筑？引领建筑设计的审美标准如何界定？这些我们问了几百年的问题，当面对新的需求或变化时，依然需要再次质疑。传统建筑学是从西方引进的建筑学，它产生于农耕时代，成熟于文艺复兴之时。欧洲工业化和城市化尚未开始时，对建筑学的思考根植于人对自然的认知，并基于自然产生的人造物体。今天，建设的条件和环境早已发生巨变，建筑成为城市的一个单元。因此，适宜地矗立在城市中，不但提供人们所需的室内空间，而且和周边建筑一起共同创造良好的城市公共空间，成为每一位建筑师设计的起点，也是建筑形式美的最终评价标准。

缘起：城市设计是什么

城市设计是什么？它在建筑与城市之间处于什么样的地位？扮演什么样的角色？澳大利亚学者亚历山大·R. 卡斯伯特（Alexander R. Cuthbert）发表过一篇名为《城市设计：时代的安魂曲——对过去50年的回顾与批判》的长文，在充分肯定城市设计的作用的同时，对城市设计的理论属性和学科属性提出了质疑。他指出，城市是多个主体的聚合，不同主体有自己的利益诉求并追求将其最大化。在市场经济中，从土地购置到建筑形成，每一个建筑主体完全可以通过市场独立操作，城市似乎只是每个主体动态变化的暂时结果。那么，城市如何被设计？对此，卡斯伯特做了一个总结，首先将建筑设计、城市设计、城市规划作为三个不同的类别，分别从构成、状况、关注点、目标和行为特征五个方面进行比较。建筑设计的构成，是静力学和人文科学，城市设计的构成是空间和形式的动态学，城市规划的构成是政府和编制人员；建筑设计的状况是三维的封闭体系，城市设计是四维的开放体系，城市规划是国家的政体和经济；建筑设计关注的是材料、能源、设计理论，城市设计关注的是建筑、环境空间、社会学和形态学理论，城市规划关注的是各项法规体系；建筑设计的目标是要完成对外界的封闭和物体的保护，城市设计的目标是社会交流与互动，而城市规划的目的是落实主流意识形

建筑设计——城市设计——城市规划

学科	建筑设计	城市设计	城市规划
构成	静力学和人文科学	空间和形式的动态形态学	政府和编制人员
状况	三维（封闭体系）	四维（开放体系）	国家的政体与经济
关注点	材料＋能源＋设计理论	建筑＋环境空间＋社会学理论＋形态学理论	各项法规体系
目标	对外界封闭＋物体保护	社会交流与互动	落实主流意识形态的权利
行为特征	设计参数：人工控制的环境	城市土地市场动态	超前的社会资本动态

亚历山大·R. 卡斯伯特关于建筑设计、城市设计、城市规划三者之间关系的总结

态的权利；建筑设计的行为特征是设计参数，城市设计的行为特征是城市土地市场动态，而城市规划的行为特征是超前的社会资本动态。通过比较，卡斯伯特认为，城市设计的确有和建筑设计、城市规划两个既有学科的不同之处，似乎有作为学科的独立特征，然而，作为一个学科，它的充分必要条件和存在意义还需进一步论证。

第二次世界大战之后的美国获得了一次经济发展的机会，大量的工业涌入城市，创造了众多的就业岗位，使得人口大量向城市集聚。另外，战后返回家园的士兵为了工作也向城市集中，需要大量的房子满足居住。原有城市已不堪重负，城市建设开始兴起，首先就需要城市规划和住宅区规划。

此时，美国建筑学界已经开始接受源自欧洲的现代建筑思潮，大多数规划师认可现代主义城市规划的思想。城市更新就意味着拆除破败的街区，按新的标准建设居住区。当时，美国为了解决住房问题，建设了大量的联排公寓，并相应地留一点空地设计成花园。然而，低容积率的联排公寓所产生的住房数量远不能满足需要，因此，高层居住建筑应运而生。高层住宅用地节省，不但产生了大量的住房，而且还可以留出可观的绿化用地，比如著名的湖滨公寓。然而，这类居住区有绿地，但没有城市空间，更谈不上人文氛围。在人们的温饱问题解决之后，这种居住机器给人的感觉是单调而乏味的。因此，虽然这种空间在经济上非常合理，但是没有人喜欢它。人们需要有人文活动的场所，而不是一个空地。场所的营造成为迫切需求。大楼的最终命运是被铲平，建筑师开始以人们都喜欢的欧洲式街区为楷模进行设计。城市设计不仅仅是一个指标问题、经济问题，可能还是一个城市空间的价值取向问题，这个社会问题最终可能会反馈到经济上面来。规划是指一系列经济的社会的指标，最终人们能使用的是充满人文内涵的建筑和建筑群，而将指标转化为精彩的实物依然需要好的设计——城市设计。

就这个意义而言，城市设计早已有之，可以追溯到 19 世纪中叶发生在法国巴黎的由拿破仑三世主导的城市美化运动，即 1851 年到 1869 年的巴黎城市更新运动。当时，在拿破仑三世的要求下，豪斯曼（Haussman）被任命负责整个城市更新的任务。拿破仑三世向他提出了三点要求，即对新巴黎的三个期望：第一，代表新兴资产阶级的城市形象，能表达新的世界和巴黎作为世界中心的形象；第二，要解决城市增长带来的一系列的问题（由于城市迅速增长，当时的巴黎聚集了很多人，交通拥挤，污水横流）；第三，城市作为资本进行运作，即通过开发城市盘活城市地产，提高土地的价值，并且要盈利。这些和我们现在的城市运作基本一致。城市建设要考虑经济价值，要考虑使用价值，更要考虑整体的城市形象和空间。当然，忠实的豪斯曼不辱使命，智慧地完成了任务。

我们现在看到的巴黎，往往被称为豪斯曼的巴黎，因为正是他的具体操作和决策，才有了今天的巴黎。当然，理论界也不乏批评的声音，认为豪斯曼毁掉了中世纪的巴黎。的确，除了巴黎圣母院、方尖碑、纪念门、军功柱和几个著名的历史建筑，大量的街区建筑都已经被豪斯曼毁掉，最重要的是，旧有的街巷几乎被抹光。现在巴黎的这些放射型的路，都是豪斯曼规划的。对着这些景点拉街道的线型，他以此种方式为巴黎留下了很多街道的对景。在巴黎的街道上走，到处都可以看对景，而统一的街墙形成了一个很好的空间景框，这也是很多学者认为巴黎的城市美景确实是豪斯曼创造的原因。从当时巴黎城市更新的规划图可以看

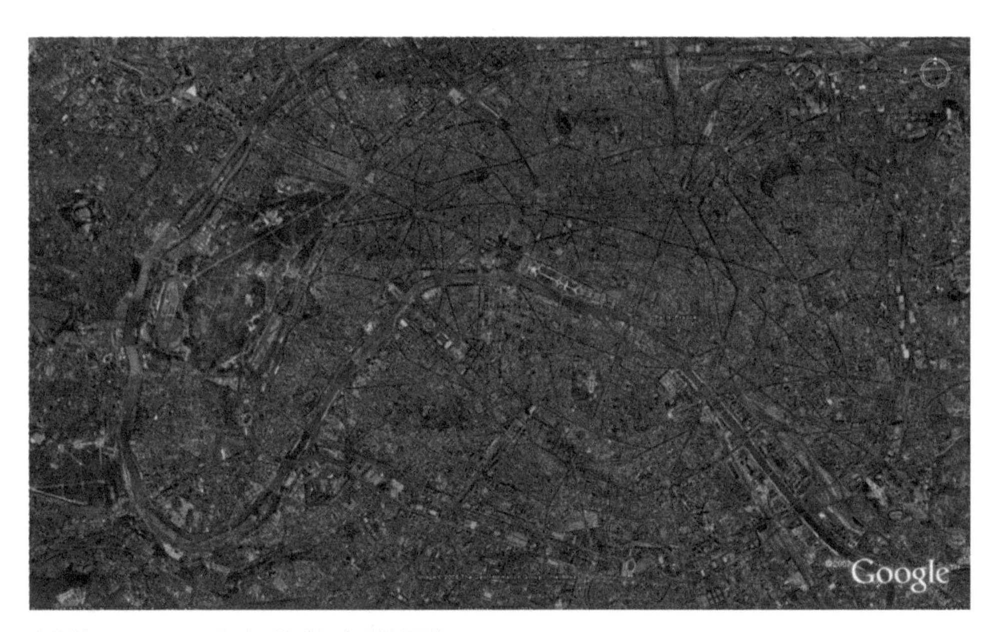

豪斯曼 1851—1869 年对巴黎进行改造的规划图

出，按照豪斯曼的意思，规划师先找到一系列城市纪念物作为视觉节点，接着在视觉节点之间规划道路。整个改造首先打通视觉通廊，然后整理被视觉通廊打碎的老城街区，同时尽量结合视觉通廊的需求理顺交通环路。

豪斯曼的巴黎规划成为了著名的城市美化运动，往往也被认为是城市设计的起源，甚至被看成是城市设计的典范。在相当长的时间里，城市设计的主要任务被认为是城市视觉美化或优化。其实，在同一时期的欧洲，还有另一个城市也进行了更新和扩展，且主要是扩展。今天，它也是一个著名的美丽城市，然而当时的规划和扩张方法与巴黎的城市美化运动完全不同，这个城市就是西班牙的巴塞罗那。

和巴黎一样，1859 年的巴塞罗那也遇到了城市发展的瓶颈。不同的是，巴塞罗那的城市基础和巴黎完全不同。巴塞罗那的市政工程师塞尔达（Cerda）应邀参与了巴塞罗那城市扩展和改造的投标。塞尔达先去已初见成效的巴黎，了解了巴黎的城市改造目标和巴黎的条件，以及巴黎城市改造中的运作问题。作为巴塞罗那人，塞尔达显然并不认为巴塞罗那要成为另一个巴黎，而且他也意识到，巴塞罗那各方面的条件和资源都与巴黎不一样，肯定不能完全学习巴黎。于是，塞尔达开始研究城市扩张的原因。他在做竞赛方案的同时研究城市扩张的起因和规律，并将研究结果用于他的巴塞罗那发展规划。在提交规划方案之后，塞尔达继续他的研究，并以专著的形式发表了他关于城市扩张的观点，正式提出了城市化（urbanization）。他准确地预计到了城市化进程的特性，预估到了城市扩张的无止境特征，因此，他设计了均质的方格网街区，也就是我们现在看到的巴塞罗那的城市街区形态。巴塞罗那采用了均质的小尺度街区，除了老城外，新城不强调中心，也无所谓边缘，避免了个别地区高度集中引发的交通问题。塞尔达的规划关注的是城市的健康生活，关注的是城市基础设施的建设：133 米 × 133 米的小街区，每 4 个街区有一个市场，每 8 个街区有一个公园，每 9 个街区有一个小教堂，每 16 个街区有一个医院。当然，塞尔达中标了，成为了城市建设的总指挥。不到 50 年，巴塞罗那的新城建设基本上将塞尔达的图纸变成了现实。

从城市设计操作层面上看，150 年前世界就展示了两种类型：基于城市美化

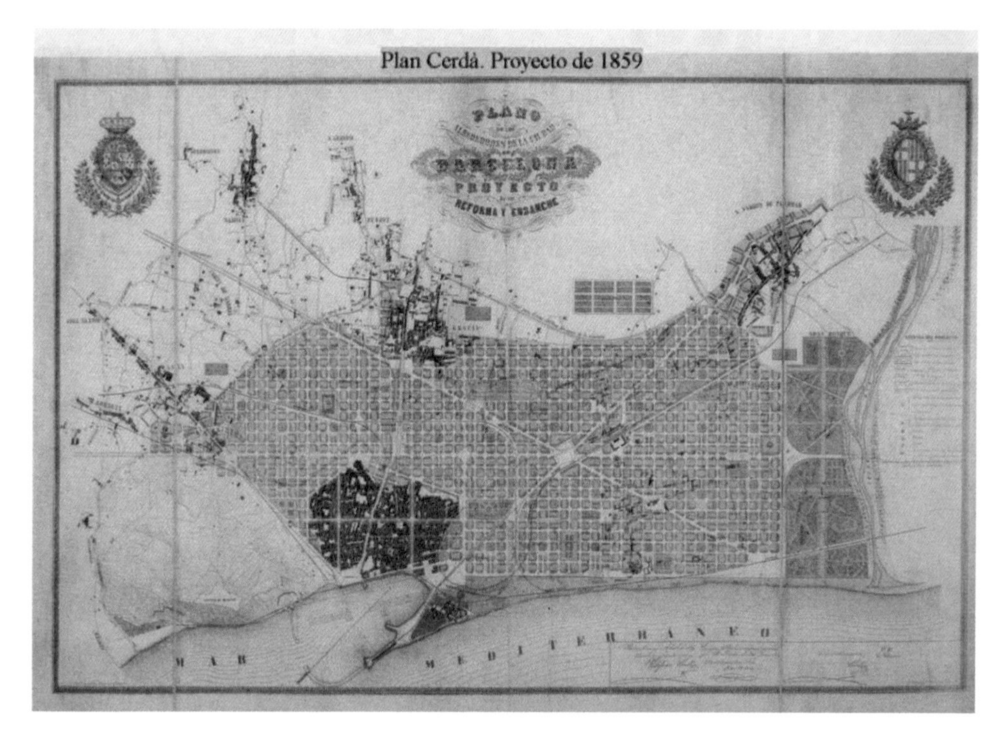

塞尔达的巴塞罗那改造规划图

运动，与基于城市健康和运行，城市设计已经承担了这么多的任务。

历史的案例告诉我们：首先，城市设计必须考虑城市土地的使用性质及其兼容性，并通过控制功能或增加多样性等措施提高土地使用效率。虽然城市规划也有这项任务，但是若没有城市设计在形态上加以落实并调整，规划无法落地。因此，城市设计承担了与城市规划同样的任务：节约土地，提高土地使用效率，节省交通成本和市政设施成本，丰富活动内容，提高土地价值。实现这些任务需要城市设计师对物质空间形态进行研究，进而知晓城市物质空间兼容的可能性、兼容的方法以及兼容的效果。为了提高城市空间的使用效率，综合利用城市空间或空间分配成为热门话题。地铁、便捷道路、轻轨、公交等可以通过合理的空间安排提高效率。库哈斯在城市空间设计方面对传统的二维规划方法提出质疑，他用彩色透明玻璃模仿传统控规对城市空间进行空间分配。他按控规的标准根据功能用途给玻璃片涂上颜色，并将玻璃片叠加起来，以示在空间上分配城市功能。他又将法国哲学家德勒兹“根状茎”系统的理念用于城市的交通体系，以取代现代交通规划所采用的树状体系。根状茎体系并不强调道路的等级，在该体系中点和线的连接方式更加丰富，更加灵活。他认为，多维的交通系统可以支撑一个高密度人口的城市。而且，当城市不再以二维方式组织时，容积率、建筑高度、建筑密度和绿地率就不能用简单的百分比来分配，而应该通过对城市设计的研究来挖掘其潜力。

其次，容积率、建筑高度、建筑密度、绿地率等用地指标，也是城市设计需要考虑的重要因素。库哈斯在研究北京中心商务区城市设计时，提出了一个300% 的计划：100% 绿地，100% 停车场，100% 楼盘，即规划用地指标加起来等于 300%。这是一个在二维规划体系中完全不可想象的事，库哈斯通过城市设计论证了他提出的概念的可行性。当今，很多城市的高速路已经和城市中心的交通体系整合在一起，城市中的各种流已经开始通过地上地下的联动整合在一起。为此，城市的地块所能承受的容积率、建筑高度、建筑密度、绿地率等用地指标的确需要重新思考，并重新分配。

最后，基础设施、公共服务设施、公共安全设施的用地规模、范围及具体控制要求，以及地下管线的控制要求也是城市设计需要考虑的内容。通过对城市设计的研究，可以分层确定功能需求及其相应的建设指标，充分利用城市基础设施和公共服务设施用地，通过设计将其转换成城市景观、城市公园和市民休闲场所。2004 年承办奥运会的巴塞罗那，通过城市设计充分调用了各类资源，不是集中规划所谓的奥林匹克公园，而是通过立体地改善城市交通，把城市资源整合在一起，通过对海岸线工业废弃地的开发，成功满足了运动会的需求。基于整体城市的思考，运动场所、城市景观、基础设施统一考虑，基础设施完成后就成为了景观的一部分，或基础设施就是景观。

在历史中审视城市设计的意义非常必要。尽管城市设计的原理尚未清晰，但城市更新的意义和需求的迫切性已经凸显。对我国来说，经历了 30 多年的城市化进程，城市更新的问题已经出现。我们不但要面对西方国家已经经历过的城市更新问题，而且要应对因快速城市化而导致的特殊问题。而我们也已经意识到，当我们急于应对城市设计的巨大需求时，在城市形态生成机制方面的知识积累却远远不够，给出的建议并没有令人信服的科学依据。

传统的建筑专业知识先于城市设计而存在，通过实践建立对城市的认知在根本上是反规划的。实践过程展示了城市的多层次和多情态，甚至城市中的矛盾也会引发精彩空间的诞生。我们发现城市设计的基础性知识依然缺失，理论与实践的倒挂导致城市设计的标准和成果难以界定。面对复杂的城市问题，城市设计需要建筑设计的专业技能，而建筑设计的专业技能如果不融入城市语境，将会在新一轮城市更新和可持续设计的总体趋势下显得束手无策。

在城市设计需要的新知识方面，新老从业者都需要再学习，我本人也是如此。我会学习历史，因为历史让我知道以前发生了什么事情，可以从中总结一些道理，引发对现实的反思。历史知识能使人变得有深度，不那么张狂，减少点无知。

分类：城市设计有几种类型

接下来和大家分享，现在的城市设计是什么状况。

一个城市建筑落地需经历漫长的过程，实际上，一个项目任务书到达设计者手中之前已经经历了一个漫长的过程。除了建筑师最直接的服务对象——业主的需求之外，城市对建筑的限定条件也越来越多。就城市而言，首先需要总体规划，之后还需要控制性的详细规划。如果是大城市，在总体规划和控制性详细规划之间还需要做一个片区规划。此外，每个城市的规划局还会根据自己城市的特色和管理需要编制规划设计导则，这也是建筑师必须重视的设计条件之一。之后，规划管理部门还需根据导则对具体的建筑下达设计要点，然后才轮到建筑师开始工作。另外，设计师还要考虑国家的规划法、各省的管理条例、各市的实施细则，因此，每个建筑师拿到项目时，都会感到有很多的指标需要服从。在我国，城市管理部门一贯重视城市设计，目的在于通过城市设计论证控制性详细规划确立的相关指标的合理性和实效性。所以，建筑师需要考虑的各类指标中，有不少是城市设计的产物。城市设计是建筑设计的上端，有效的城市设计不仅会给出形态，而且会给出设计指标。这些指标不仅要保证城市公共空间的公正性，同时要给设计师留出创意的空间。

和建筑设计一样，城市设计也可以按其所解决的问题分类。最常遇到的有：旧城保护与更新——与历史对话的问题，城市自然风景保护与利用——与自然对话的问题，城市中心区的更新与发展——经济效益与功能活化的问题，新城规划的概念设计——寻求发展动力源和亮点的问题。

首先，城市更新是目前我国城市发展的新机遇。城市更新不仅需要保护为数不多的文化遗产，而且需要通过设计进一步挖掘城市在新时期的价值。我国东部沿海的城市群早已过了扩张的阶段，在城市更新的过程中，需要通过设计充分挖掘城市空间的潜力，提高土地的效益。

其次，是城市自然风景的保护与利用。一般来说，城市周边都有自然风景区，配置了服务设施供人们使用，这就需要整合景点资源、规划游览路线、设计服务设施。设计服务设施时，要考虑其布点和规模是否符合感官的要求。这些都涉及城市设计研究，如重要区域的视线、建筑物的高度和材质要素等等。

再次，是城市中心区的更新与发展。瑞士建筑设计师赫尔佐格在慕尼黑老城中心完成的街区更新项目是一个非常成功的案例。由于地处老城中心，街区内部都是狭小的巷道，沿街小店面的经营方式和内容完全不能满足城市的需求。这样的地带需要大型商场和部分住宅，但矛盾的是老街固有的小尺度建筑和大型商业综合体的营业模式。大家可能觉得新型大商场、Mall（购物中心）和传统的街区一般难以兼容，而赫尔佐格则跳出传统设计的框框，把设计对象定位在城市街区，而非单体建筑。他设计了精彩的街区内部空间，并按大型商场的模式来组织购物空间，完成了一整个街区作为底商裙楼、上盖花园住宅的超大型综合体。改造之后的商业街非常有人气，有各类两层通高的小商店，商店之上是住宅。老街区和老建筑都得到了保护，城市也有了新的活力点。

最后，是城市新的发展空间。研讨城市新的发展空间往往也需要城市设计的介入，此时，不光是讨论形态和空间的问题，而是关注形态与空间是否有利于资本运作并达到效益最大化的问题。最好的例子就是迪拜滨海空间的设计与开发，在资本运作上非常成功。

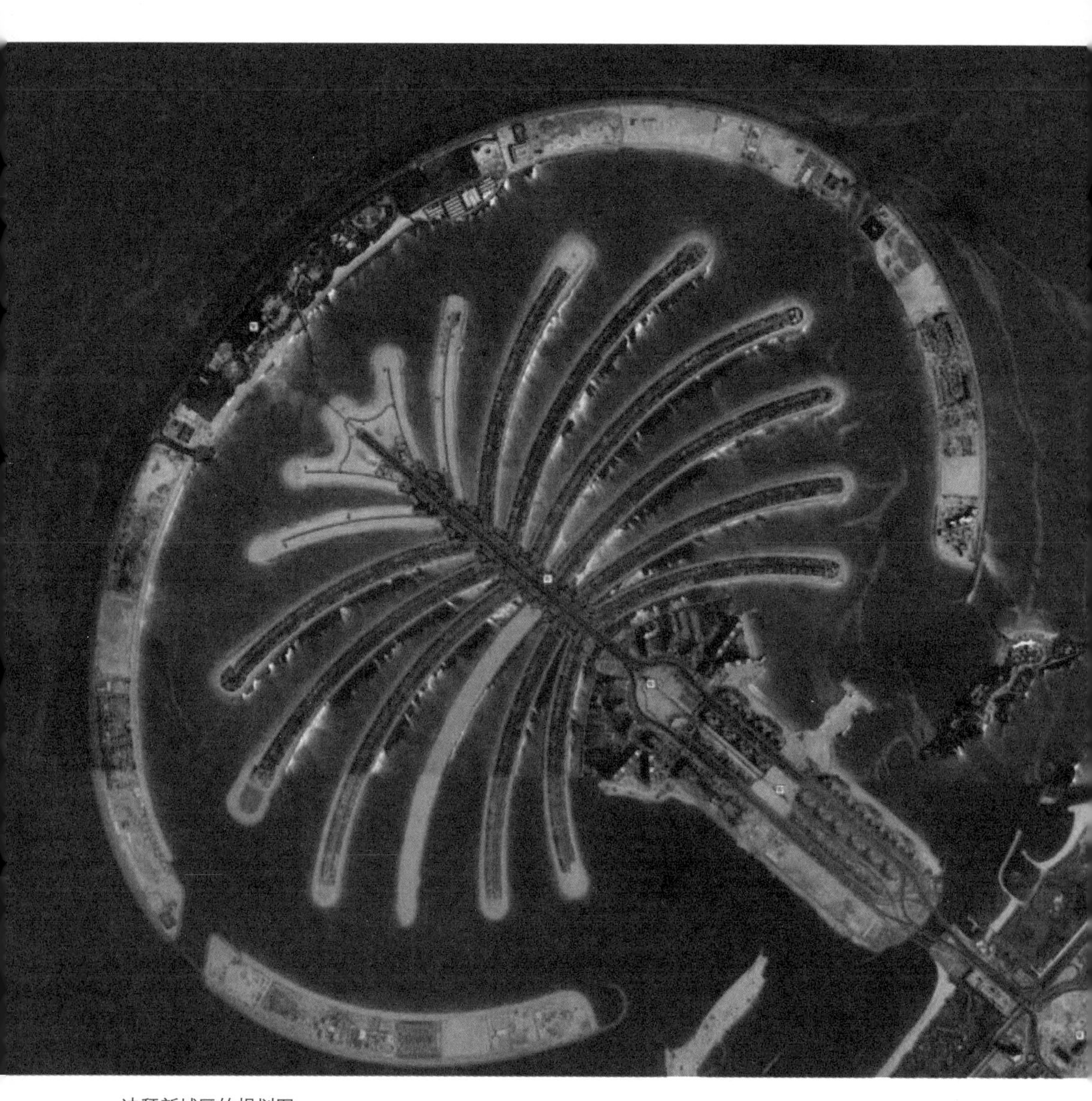

迪拜新城区的规划图

设计：设计需解决的问题

城市设计的关键词应该是“设计”，其与我们熟知的建筑设计或产品设计最大的不同点在于：城市设计的对象是城市形态的规则、城市空间的维度，及价值标准。设计必须解决问题，对城市设计而言，需要解决三大类问题：辅助城市规划确立空间布局的效益问题，重点解决城市空间的感知和认知问题，综合改善城市空间环境质量的问题。前两类问题已经成为现在城市设计的主要内容，而城市的物理环境问题尚未得到足够的关注。

城市物理环境要素包括城市空间中的声、光、气温以及风等。环境科学家们的研究证实，建筑物的体量与它们之间的空间关系和环境综合质量直接相关，这就提醒了建筑师和城市设计师应该将城市环境质量的优劣纳入设计考虑的范畴。城市设计的任务就是要通过实验来确立建筑的体量以及它们之间的关系，通过对建筑形体的控制改善城市空间环境。值得强调的是，形体与环境因素相互作用的原理尚不完全清楚。鉴于现有的知识还不能支撑合理的设计，在建筑学领域里，许多学者和设计者开始通过各种途径研究城市物质形态与城市微气候之间的耦合规律，以期获得新的设计知识。

尽管城市设计的成果不是具体的建筑而是建造的规则，但设计不可以没有操作对象。换句话说，如果城市设计的成果是从城市公共空间的角度制定建筑设计的规则，那么，城市设计的控制对象就应该是城市设计的研究和操作对象。库哈斯为荷兰阿尔梅勒城做的城市设计，非常成功地展示了在城市设计的控制下，建筑单体不仅适宜于建筑师的各个独立建筑设计项目，而且也可共同创造良好的城市公共空间。库哈斯首先控制了城市设计范围内的地面标高，他给出了一系列不同的地面标高，并用立体交通的手段将它们组织在一起。这种处理方式显示了城市的地面标高并不只是城市设计的先决条件，同时也是城市设计的决策内容或者说成果。这个城市的地面标高，我们可以称为“层”。

出于安全的要求或交通的要求，我们以往的城市设计都会对建筑外墙的退让红线、建筑的外墙高度以及建筑物之间的距离等等给出一些强制性的建议，这里关注的是建筑的外部空间。对城市来说，建筑的外立面就是城市空间的界面，正是建筑界面的组合才形成了城市空间。就城市设计而言，可以不关心建筑内部的空间关系，也无需控制建筑的整个形体，但是要控制与特定空间相关的建筑外墙面。与城市公共空间相关的建筑外墙面，我们可以称为“界”。

进一步说，对“层”的控制是对城市空间容量的分配，对“界”的控制是对城市空间质量的把握。所以，“层”与“界”是城市设计的主要研究内容，也是城市设计主要的设计对象。目前，我国沿海发达城市的建筑密度已经很高，但是和香港地区相比，依然属于低密度，城市的开发强度远远落后。当城市不能再以侵噬农田的方式扩张时，设法提高土地的使用效率是唯一的出路。传统城市规划的思维方式和规则都是建立在二维平面的基础之上，不能应对我们今天所面临的问题，因此，必须立体地思考城市空间。

我们将“层”与“界”的概念引入，就是要在设计过程中立体地研究城市的空间分配问题。在“层”的概念下，城市用地可以在空间上做二次分配。“层”的概念打破了城市用地规模的界限，通过对“层”的设定可以提高城市空间的利用效率。其次，在“界”的概念下，每一幢建筑都不再是孤立的单体，它的内部空间必须对它的甲方负责，而它的周边界面要对城市空间负责。在“界”的概念下，城市空间和建筑空间的界限开始模糊，不再有绝对的内或外。现在，很多城市综合体（购物中心）已经将街道空间引入室内。可以设想，如果我们在街道上加盖一个顶，上面设计一个花园，花园中有一组住宅；如果我们再在街道上做一个下沉式广场，广场下面连着轨道交通；这样，在同一地理位置不同的标高上就分配了不同的功能，而不同层之间可以用界面相连。这就是对“层”与“界”的操作，它打破了传统的城市空间分配方式，也预示了城市设计的创新点。

基于“层”与“界”的概念，城市设计不应再仅仅关注对单体建筑的控制，而应该从关注形体转为关注空间。对于建筑师来说，建筑不再是纯粹的体积，而是生活的空间；建筑不再是孤立的单体，而是群体的一个单元；空间不只是存在于建筑之间或者建筑内部，而是存在内外之间的流动，这样我们生存的空间会更大。建筑的外立面（界面）不再仅仅是对建筑负责任，还承担了城市空间的界面角色。最后，城市形态、建筑界面、环境质量将成为城市建筑学的关键词。从这个意义上反观建筑，城市建筑即城市空间的界面。

3

传统·印记·场所精神
——汤桦

汤桦

重庆大学建筑城规学院教授，国家一级注册建筑师。深圳市城市规划委员会建筑与环境委员会委员，《建筑师》杂志编委，《西部人居环境学刊》编委。2002 年创立深圳汤桦建筑设计事务所有限公司，任总建筑师。

我对“传统”理念的敬畏，源于路易斯·康“未来是来自于融化的过去”的观点。阿尔多·罗西在 *The Architecture of the City* 一书中提出的类比概念以及在实践中沉淀的具有现象学意义的细节，也是我做设计的出发点。

我的故事

我出生在 20 世纪 50 年代——一个激情燃烧的岁月。国际上苏联和美国两大阵营对垒，国内则刚刚进入社会主义社会，知识分子多是一种激进、理想主义的左派姿态，喊出“和平、民主、社会主义阵营团结万岁”的口号。全国人民都在

《大家都来打麻雀》招贴画

《一条街上的神秘与忧郁》绘画作品

期盼共产主义社会早日到来，大家兴奋、激动，“团结”是最主要的号角，人民的意识形态非常统一。

“文化大革命”期间，招贴画成为人民思想意识及行为的写照：一幅名为“大家都来打麻雀”的招贴画中，一名少年带着妹妹仰望天空，少年摆出打弹弓的姿态，认真瞄准，图画的下端写着七个大字“大家都来打麻雀”。一张简单的招贴画，却令成千上万只麻雀灭亡，足以体现出当时人民的“万众一心”。

图面建筑学

图面建筑学是内心理想主义的第一种形式。我在大学图书馆里第一次看到意大利画家契里柯的《一条街上的神秘与忧郁》时，所感受到的视觉冲击与内心的震荡，至今难以忘怀。画面中的建筑和城市空间、丰富的微小细节，均具有反映本质的重要意义。透过它们，我似乎感受到了世代生活于此的人们的情感。对此类空间构成的意象研究，是具有文本意义的重要参照，是一种表达集体记忆和场所精神的重要策略。

1982 年，我在威尼斯双年展看到的里伯斯金的“记忆机器”是当年的金奖作品。记忆机器由若干个可以用手柄旋转的立方体构成。立方体内每一个面刻有不同的东西，如乌托邦城市地图、线状的古老城市地图、圣徒的名字等。最特别之处在于，随着旋转它的人数增多，方体内的图像会发生变化，变得越来越复杂、丰富、有趣味性，与城市、建筑、理想、宇宙相关，能够启迪我们的思维。现代建筑设计的教父级人物海杜克的正轴测绘画，如同建筑学的字典，对我的影响极深。这一时期，我的代表作品瓦屋顶社区中心是极理想化的，体现了抽象的意象。建筑前面是蓝色水池，桥上有圆形广场的影子，如同深海水面围合出来的迷宫。我设计的深圳南油文化广场是一个后现代主义作品，蓝色的水池、桥与古典意味的拱廊结合，舞台是具有古典主义风格的拱顶建筑，钟塔的造型则是装饰艺术风格。

“在艺术的早年，建设者们精心地制作每个细微的和看不见的地方，因为上帝无所不在。”这是朗费罗的诗句。我常常引用此诗，与同学们分享。

瓦屋顶社区中心

深圳南油文化广场模型

乡土与传统，梦想与光荣：深圳的城中村改造

岗厦村位于深圳福田中心区，北边延伸至莲花山公园，南边濒临香港，是典型的城中村结构。项目基地第一层是祠堂，第二层是宅基地。城中村的建筑极为密集，建设房屋之时，除了中间的缝隙要搭脚手架，其他用地一点也不能浪费。村民永远以最小的技术手段来完成最大化的资源使用，这种情况是由所有制决定的，在香港、巴塞罗那都可以看到。城中村展示了当下中国城市的生活空间所可能达到的极限状态。我认为城市的形态，即社会所有制形态。北京的居住区形态与深圳的城中村形态差别很大，这是由社会所有制结构决定的。在这个项目的规划中，我联想到了体现社会主义公社性质的建筑空间——勒·柯布西耶的马赛公寓。在完整的形体里做出一个个框架，框架十米见方，每户可以自由搭建，这使得空间增添了变化和趣味性，立面也获得了丰富的视觉效果。

深圳的城中村岗厦村实景图

岗厦村建筑模型

山村大屋，乡土校园：四川美术学院虎溪校区图书馆

四川美术学院是中国西部极具影响力的学院，校园由何镜堂院士规划设计。20 世纪 80 年代，中国文学艺术界掀起了一个全民性的寻根和理想主义乌托邦式检讨的浪潮，寻根文学也由此诞生，影响波及电影、美术等领域。四川美术学院可以说是当时的一个思想、艺术高地。四川美术学院校园占地大概两千多亩，整个校区的规划非常特别，是一个依山就势的校园，有山有田地，也有池塘。按照罗中立院长的构想，这叫作“十面埋伏”，大意是曲曲拐拐的线路，到处设有伏兵，路口随时可能有人迎候你的出现。

图书馆在我心里是一个学校的精神中心。阿根廷作家豪尔赫·路易斯·博尔赫斯写过一本名为《巴别图书馆》的小说，里面说：“天堂就应该是图书馆的模样。”

罗中立院长的代表作品《父亲》，采用写实的手法，每一毛孔、每一汗珠都可以看得清，表达了沉淀在历史和乡土中的厚重感。从四川美术学院看现场回来，我绘制了图书馆的意象草图，外形酷似窑洞，内部有一两万平方米的功能空间，这个方案很快被通过。原因我想应该有两点：一是罗中立内心的乡村情怀，二是建筑外观造型所传达出的酷炫效果。

图书馆的平面图因循路易斯·康的设计原则——服务空间与被服务空间。建筑整体是一个流动空间，所有的服务空间都集约化地设计在一起，书库和阅览室作为被服务空间，共享一个空间。一些地方做了小型的院子及空中平台，一方面有利于光线和风进入空间，另一方面也可用作休息区。整体建筑是一个坡顶的房子，屋顶角度为45度。通常，中国的坡顶建筑是25度，这个房子是超过了正常屋顶坡度的建筑。建筑顶部为阁楼式空间，穿行在其中仿若行走于重庆街道内。图书馆周围鱼塘环绕，有如《古墓丽影》的意境。建筑的主要材料之一为青砖——重庆建筑曾经的一种符号。这个房子的砖因为是土窑烧出来的，不规整，特别自然。我们用钢条把它分成单元，两块砖一个单元，它所有的公差就在自己的这个单元里面消耗掉了，不会积累起来，整个立面也变得有图案性。同时，还有一个技术上的追求，就是我们特别不愿意把这种砖做成面砖。一旦做成面砖，它就变成了一个涂料性质的东西，一种厚度为零的东西，而我们特别希望有一种

四川美术学院虎溪校区图书馆效果图

四川美术学院虎溪校区图书馆实景图

建构的特质在里面。我们在砖上使用的钢条会生锈，产生一种锈水，这是我们想要的东西，会带来一些历史感，有水洗石的效果，非常有质感。

钥匙孔窗是路易斯·康为一个美国大学图书馆设计的窗户。此窗如果完全打开，坐在窗前阅读的人会因光线太强而感到不适。于是，路易斯·康就想了一个办法，让窗前阅读的人就用一个小窗户，而空间深处的人则把窗户全部打开。这个办法解决了窗前空间和内部空间对不同光照的功能需求，并且表现在立面上非常有趣。四川美院图书馆的钥匙孔窗，现场实施时少了两个木板。我们特别不满，问他们为什么这样干？他们说预算不够了，这个木材是从北美进口的，一扇窗户光木材就需要五六千块钱。因为四川美院的预算没有那么多，所以缩减了窗户的用材。窗户建好了，但是没有达到钥匙孔窗的效果，我们也觉得很无奈。我们要求他们做了一个贴膜，让窗前的光线减弱，于是，一种新式钥匙孔窗问世，与路易斯·康的略有区别。

由于建筑的顶面非常陡峭，坡度为45度，砌砖的过程会非常辛苦。所以，我们在中庭室内空间使用清水混凝土，这种材料的质感天然、朴实，跟我们设计的整体气氛十分吻合。

在西南地区，人们把青砖大量用在公共建筑或是乡村的长屋上。青砖砌筑的效果充满文艺感，也算是对乡土文化的一种致敬。建筑顶端向上去的楼梯，旁边是挑空的，整个夹层不像是一个书库，更像一个公共空间。这个房子两端都是空的，可以看到远处的景色，一边是歌乐山，一边是缙云山。

这个建筑有农业景观的特点，因此一年四季去看，效果都不一样。远处是刘家琨设计的六七十年代的厂房屋顶，是向工业建筑致敬的房子。

江堤，天井九宫格：云阳市民活动中心

云阳是长江边上的一座城市，这里有一个著名的古迹叫作张飞庙，《三国演义》中的重要人物张飞就埋在此处。据说他的脑袋或是身体埋在这个地方，他被杀后，头被人拿去领赏，和他的身体是分开埋的。张飞庙在云阳，云阳建三峡大坝以后，整个城市被淹没在水下。现在人们看到的是新的云阳，这是一个新的城市。我们的项目在城市的西北，这边有另外一个汇入长江的支流，当地人叫小江。这种两江交汇的状态有点像重庆的朝天门。场地附近还有一个公园，能够看到两边的水，他们希望在这儿建一个市民活动中心，形成一个带形的城市的公共空间——城市的公园。山上面还有古代军队的城寨。整个建筑是依山傍水而建的，地势非常陡峭，长江在这个地方变得非常诡异。我曾在大坝未建之前去过三峡，那个时候想到的就是李白的诗句“朝辞白帝彩云间”。大坝建成后，长江的水位上涨了五六十米，整个长江就像是一个湖，根本不是一个江，感觉不到水在流动，非常诡异，很像毛主席说的高峡出平湖的意境，没有任何波浪，很宽阔。

由于长江三峡蓄水的原因，要在城市建大坝，大坝的水位落差较大，比较高的时候会到一个位置，低的时候会下去二三十米，形成一个消落带。大坝是一个公共空间，市民在这里洗衣服，女人带着小孩在这里玩，老人家在这里闲坐聊天，形成了一个非常有意思、极有人气的热闹环境，这个大坝的上面就是我们的

云阳市民活动中心效果图

场地。水由坡道下去，不同的季节景色不同。

我们在做设计的过程中最初始的想法是：由于建这个大坝，场地附近的山被劈掉了，所以我们就想用房子弥补这个山的形体，填补不完整的缺口，也符合风水之说。我们做了九个院子，叫作九宫格。其中有三个切到地上来，形成了三个开放的院子，其他六个是封闭的。每一个院子是一个单元，内设文化馆、博物馆、规划展览馆、少年宫。院子间有很多通透的地方，还有一个 1000 座的剧场。关于屋顶的设计，我们希望这是一个开放的广场（城市的公共空间），市民可以在任何时候走上去，面对长江坐在那儿发发呆，就如同大坝的功能一样，大家洗完衣服带着小孩上去，年轻人的小乐队可以在这儿唱唱歌。水和山之间会形成对流，有风进去，从天井出来，是一个特别绿色生态的房子。屋顶外部用玻璃砖来采光，同时游客可以在上面自由行走，内部变化的光线则营造出梦幻般的空间。这个项目是长江管理局负责的，内部方案没能实现，外部的方案得以实现了。

到了夜晚，我们希望借助“缝隙”使它变成一个灯光外泄的房子。晚上，长江里夜航的船经过时，就能够看到这个房子的“夜景照明”。每一个半开放空间的院子都是可以打通的，雨水可以直接洒下来，有天井的感觉。这个天井与四川居民小小的传统天井相比，尺度已经完全改变了，它是一个具有公共尺度的放大的天井。建好以后，从街道上看过去，建筑跟山的轮廓很吻合，能够跟长江后面的山体形成一种呼应、对话的关系，这是我们当时没有想到的。而且，我们这个建筑的色彩也是青灰色的，能够融入环境。走到广场，这里种了很多银杏树，是当地人很喜欢的一种树。

建成后，这里成为市民们喜欢的地方，成为了城市的公共空间，大坝是它的一个文本性的参照物。

亭台楼阁：宁波高新区文化体育中心

我们在宁波有一个项目叫“亭台楼阁”，这个项目我们想在中国古代的建筑遗产里找到参照的文本，并且这种文本能够以一种现代建筑的办法实现。宁波是一个水特别多的城市，它的水系四通八达，很多是可以通船的。这个项目位于宁

宁波高新区文化体育中心

波的高新区，两条河的交叉口是文体活动中心。这是像水榭一样的房子，由很多水平状的元素叠加起来，每一层都有很大的平台，使置身其中的人跟水的关系特别亲近。我们当时制作了一个模型，悬臂最大做到 8 米左右，整个房子采用钢结构。建筑首层有一个剧场，我们把整个场地用水淹没，以一座桥来连接。当然，这里的水是很浅的水，只有 30 厘米深。这个作品的整体空间特别简单，我们希望赋予它一种水边建筑的气质，跟古代的亭台楼阁能够产生关联。它采用的建筑语言比较现代。平板边缘的位置做了一个悬挑，呼应了中国古建筑里面对檐下空间视觉感受的处理，材料采用具有现代感的铝合金墙板。这种悬臂非常大，微风吹过，你可以在下面体会到一种灰空间的感觉。

开敞的戏台：江油中坝剧场

这是抗震救灾的一个项目。5·12 地震中，四川江油的一个剧场被完全震坏了，需要重建。它在城市的中轴线上，类似天安门广场在北京的位置，后面有一条江，是城市的主要河流。整个区域承载了政府办公、文化活动等功能。这个剧场在江油已经存在几十年了，是市民共同的记忆。我们希望赋予它传统戏台的气质，于是把中国古代的戏台作为一个基本的文本，进行演绎。老剧场前面的广场面积比较大，留下了一些历史印迹，新的剧场建在它后面。老剧场变成了一个遗址一样的东西，新的剧场则像一个戏台放在这里。这个戏台是一个真正的戏台，可以进行演出、举行活动。从中轴线看过

江油中坝剧场效果图

去，舞台上圆形、三角形的造型如同背景板一般。馆内有很多功能空间，除了剧场以外，还有电影院、四川剧院、展厅、办公室等，下面还有一个下沉通道，可以走到江边上去。

建造新剧院时，老台阶的材料没有了，新材料的色彩并未询问建筑师的意见，出现了问题。在这个项目中，我们千方百计留下了当年的雕塑。这是为了保留广场原本的记忆：一个是雕塑，一个是有戏台感觉的传统空间。

人民的宫殿：昆明新工人文化宫

我们投标的昆明市新工人文化宫项目，地址在原来的云南机床厂。在中国的土地政策下，交一块地给一个新的业主，一定要做到三通一平，也就是抹去场地上的所有印记。但是，我希望把云南机床厂原本的一些东西留下来。就像一张纸写上字后，哪怕用橡皮擦把它擦掉，还是有痕迹在那里，这个场地的痕迹就是厂里原有的“云机大道”。

工人文化宫，“工人”这两个字有非常浓重的英雄主义色彩，当年的工人是非常有荣誉感的。作为建筑师，我希望建筑是多元化的，很多细碎的东西能够被

昆明市新工人文化宫的建筑模型

昆明市新工人文化宫夜景效果图

昆明市新工人文化宫

一个完整的形体包裹起来，中间有一个公共空间。我们投标时的模型，周边都是白色的，只是把公共空间做成了一个有鲜明色彩的区域。从夜景的效果图中可以看到，云机大道是一条步行的道路，是机床厂工人们的集体记忆，旁边有很多往上走的台阶，是可进入“宫殿”的通道。文化宫的立面采用了文艺的表现手法，有一些空间往外延伸。我们希望建筑内部的形体跟外面完全不一样，体现出多样化的风格。我们的作品打动了评委和政府要员，赢得了这次投标。

昆明工人文化宫的实体建成后，在繁杂的城市中形成了一个超大尺度的围合空间，是城市中的纪念性空间。

乡愁：讴歌平民

最后，我想讲一点这几年自己的感想。美术史里面有一个重要的案例“娟娟发屋”，在重庆歌乐山上的一个小镇里面。“娟娟发屋”这四个字并非出自书法大师之手，而是出自民工之手，却令无数经过此处的人记忆犹新、难以忘怀，真正起到了视觉传达的效果。

还有民间的建筑，构图极其完美，基本上找不到什么缺点，但它是一个农民做出来的，甚至是一个完全不懂建筑学的人做出来的。

“娟娟发屋”及农民工设计的房子，这些也是优秀的文化遗产，具有巨大价

娟娟发屋

农民设计的民间建筑

值。它们给城市做出了贡献，在对技术、材料的表达以及对生活方式的表达上，它们具有同样重要的意义。

山城高楼：向密斯致敬

几个月前，在另外一个学校做讲座的时候，一个同学提问，他说汤老师，你给我们讲了那么多文艺的建筑、文化建筑，为什么不讲商业建筑？其实，商业建筑在很大程度上跟我们前面提到的建筑是一样的。我们的现代设计史和主流媒体中讲的只是1%的建筑，99%的建筑是没有人讲的。因此，我回应一下那位同学的建议，讲一下比较商业的建筑。重庆比较核心的位置有一个威斯汀酒店，是一个超五星级的酒店。重庆半岛项目是由KPF建筑事务所做的规划，总共包括十几栋建筑，现在已经完成了几栋。因建筑的高度过高，天际线已变为“建筑天际线”，其中威斯汀酒店的高度达到了250米以上。

类似西格拉姆大厦，我曾做过一个超高层建筑，整个设计都是在向密斯致敬。顶层是玻璃游泳池，两个游泳池从不同的方向挑出来，周围是林立的高楼，底部是透明的，游出去可以看到下面的城市，这也是炫技的做法。结构工程师把我们原定的尺寸缩短了一点，本应挑出六米，他们只挑了四米。在重庆的森林里面，超高层建筑是一个外来的东西。在这里，我们不想向传统学习，而是要向密斯的高层建筑学习。奢侈品酒店的豪华程度，我们要有所控制，我们不想做成土豪金的视觉效果。现在，酒店上面的游泳池变成了市民最喜欢去的地方。这个项目是属于99%的项目，可能不会被记住。

在世界高度物质化和高速城市化的今天，人文主义的设计也许会显得过于理想主义。但是，对微小细节中的记忆印迹进行研究和梳理，进而产生具有精神意义的场所，以承载人类的集体记忆，这对建筑师而言是一个难以回避的社会责任。当艺术家讴歌我们平民的史诗时，城市和建筑也融入了这个源远流长的意象，就像西部是我的精神故乡，民居和历史的印迹是我理想建筑的终极文本。

著名建筑理论家C.亚历山大最后说他的永恒之道就是这么简单：有一个水

重庆解放碑威斯汀大酒店

重庆解放碑威斯汀大酒店顶层玻璃泳池

重庆解放碑威斯汀大酒店远景

池，里面有几条鱼游来游去，游了八十年。这个系统如此真实、如此完整、如此朴实，它可能就是建筑永恒之道的一个最终的画面。我特别喜欢，那么平民化，那么欢乐，像吉普赛人一样。陈丹青画的毕业创作《西藏组画》，我也很喜欢，因为这是一个史诗性的关于平民的作品，有点像刚才说的平民的建筑和平民的艺术。艺术家已经在讴歌我们的平民了。

我第一年去看威尼斯双年展时，一下火车，在桥上就看到了著名建筑师福克

《西藏组画》

萨斯提出的一个口号，我特别吃惊。因为我们都知道，建筑学是一个非常唯美的、非常强调几何美学的学科，但是福克萨斯却说让我们“少一些美学，多一些道德”。我非常迷惑地去看威尼斯双年展，看完以后我明白了。因为2000年全球化已经开始。那个时候，如果说全球化是一种审美的话，那么这种审美或者说统一的审美的泛滥，将导致可怕的结果，所以，福克萨斯用这句话来抵抗全球化。这是我对他的理解。到了今天，我们中国是不是也面临这个情况，或者我们是不是早就已经身在其中？

问答部分

Q1：我从美院毕业不到两年时间，听您讲这些建筑很感动。就我而言，刚工作既没有经验，也没有特别完整的建筑学学习经历，会遇到很多麻烦。您作为一个很有经验而且对建筑设计很有追求的中年建筑师，对我这样的年轻人有什么建议？

汤桦：类似的问题我经常碰到，我感觉有点像讨要武侠秘籍的意思。你今后想开事务所、想成立自己的工作室，怎么才有条件这样做？我就是一个典型的例子，毕业后在设计院工作了差不多二十年，才开始自己创业，做自己的工作室或者说事务所，以前都是在设计院里画图、做项目。一步一步地走，可能你觉得有点来不及，或者你想快一点完成这个过程？其实，我觉得有些东西是水到渠成的。我并不太愿意开自己的事务所，我更愿意在一个特别有集体主义精神的环境里面工作，因为建筑师就是一种需要合作意识的职业。所以，我在大环境中工作也很舒服、很愉快。只不过后来由于个人的一些原因，比如我是有点自由散漫的人，不太愿意考勤，这是建筑师都有的一点通病，后来没有办法，就做自己的事务所。但是都不矛盾，我只是从工作的方法或者工作的环境上来说，大环境和小环境都是一样的。

还有，做建筑非常重要的一点是特别真诚地对待你的建筑，包括你的甲方。刚才你说我是不是能够对付甲方，其实不是的。我每次做建筑都尽量秉持做民居的态度，就是重视珍惜资源。民居永远是用最少的技术手段，或者是以对自然最小的干扰达到效果的最大化，这是民居的一个根本的立场。就像有时候我们去跟设计师聊天、讨论方案时会问，你做那么多复杂的造型，如果是为你们自己家造房子，你会怎么造？你肯定不会去做那些没有用的或者是多余的东西，你一定会把资金减到最少，只做必需的东西。对资源要最大化地使用，这是一个基本态度。我们做的项目中，政府建筑是另外一种性质，是公共空间，要为市民服务，但也需要珍惜资金。前面说的那些超高层建筑，背后都是有上亿的投资。建筑师拿到一个项目，虽然是在一张纸上画出几条线，但是后面蕴藏的是以亿为单位来计算的资金。资金就是资源，资源就是后面的人，是后面所有的使用者、劳动者。创造这个建筑的人都是因建筑师的笔而工作，所以建筑师要非常真诚地对待画下的每一条线，每一个细节都非常重要。有时候画错了一条线，我们后悔了、心痛了，看到现场被打掉，那个时候我心里面真是在流泪或者是流血，觉得这里面的劳动资源就被浪费掉了。认真对待每一个项目，做到这一点，你就会慢慢越做越好，成为一个很优秀的建筑师。

Q2：我本人也是重庆工大本科毕业。以前的学长跟我说过，您的早期作品受矶崎新的影响较多。我感觉您早期创作手法中的那些框架性的语言是受苏俄共产主义时期的一些艺术家的表达方式的影响，并且与有着地域特色的少数民族吊脚楼相结合。地域空间中的吊脚楼有很长的台阶、很深的天井。我个人感觉您的作品是抽象的。

汤桦：其实，“文本策略”不是我提的说法，是矶崎新的一篇文章里谈到的概念。他讲他设计筑波市政中心的时候，把西方的绘画和神话放到了他的作品中。我个人特别喜欢矶崎新，他强调隐喻，强调从历史里面寻找一些文本性的参照物。后现代主义者是一种非常有包容性的群体，尽管学术倾向完全不一样，建筑语言也完全不一样，但都是在一个学术范畴里来谈论的。我们这代人有一种乡愁情结，有点文艺范儿，而矶崎新的语言又那么纯粹、那么明确。像密斯、柯布西耶都是我们特别喜欢的偶像。怎么样让这些东西跟中国的元素相结合？我们这代人像背了一个十字架，有一种使命感，好像我们不做这个，中国建筑就没有出路了。“建筑学在十字路口。”忘了当时是谁写的，很多人都在谈论这个事情。我们这一代人有这种感觉。我的设计老是想从古代、从传统、从地域、从乡土中找到一些参照的东西，但是又无法割舍现代的学术训练。我们都是在现代的学术体系下被训练出来的，都具有现代建筑的血缘，这就造成了我的设计里面有这些东西的投射。

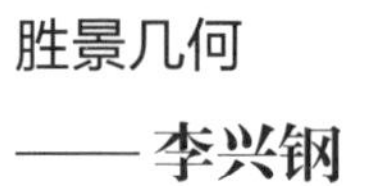

胜景几何
——李兴钢

李兴钢

中国建筑设计院总建筑师、李兴钢建筑工作室主持人，天津大学、东南大学客座教授，清华大学建筑学院设计导师。曾获得中国青年科技奖、中国建筑学会青年建筑师奖、中国建筑艺术奖、亚洲建筑推动奖、THE CHICAGO ATHENUM 国际建筑奖；举办作品微展“胜景几何”（哥伦比亚大学北京建筑中心 Studio-X），并参加了第 11 届威尼斯国际建筑双年展、德累斯顿“从幻象到现实：活的中国园林”展、伦敦“从北京到伦敦——当代中国建筑”展、卡尔斯鲁厄/布拉格“后实验时代的中国地域建筑”展等重要国际建筑及艺术展览。其代表作品有：绩溪博物馆（安徽）、复兴路乙 59—1 号改造项目（北京）、建川镜鉴博物馆暨汶川地震纪念馆（四川）、元上都遗址工作站（内蒙古）、海南国际会展中心（海南）、纸砖房（威尼斯）等。

我之前因讲座、评图的关系，多次来过中央美术学院，对美院有些了解。这次因时间关系，讲座的海报是请美院同学帮我制作完成的，最终效果我很满意。

海报上我的职务——中国建筑设计院总建筑师，需要做一下解释。近年来，根据国家的要求和企业的发展需要，我们单位在不断改机制、改名字。现在我们设计院的名称里没有了原来“中国建筑设计研究院”中的“研究”两个字。我希望“研究”不在于表象，而在于内在的思考。我习惯于自己的工作里有思考、有实践，两者相结合。

今天，我会跟大家分享我们工作室近十年时间中的思考与实践，也希望能与各位老师和同学多做一些交流。

人工与自然

我的思考从“人工与自然”这个大命题开始，它涉及因文化背景的差异而导致的“三观”和生活理想的差异。建筑与人的生活密切相关，不同人群的文化背景、生活理想的差异，必然会导致建筑的差异。

东西方文化对人工和自然的认识有许多共性，也有鲜明的差异性，而非二元对立的状态。今天，我们重点思考其差异性。西方文化强调人工在自然中的自我存在，以埃及胡夫金字塔为例，人工物在自然中以独立的状态存在，我称之为“人工的自成”。西方几位典型的在“人工自成”文化背景下工作的建筑师中，有两个我比较欣赏的代表人物。一位是安东尼奥·高迪，巴塞罗那的圣家族大教堂是他的经典作品之一。如果仔细阅读和研究存放在教堂地下室中的图纸及资料，会发现教堂“巴洛克状态”的空间、构件、细部及对自然形态的模拟都是基于精

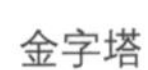

金字塔

高迪设计的圣家族大教堂

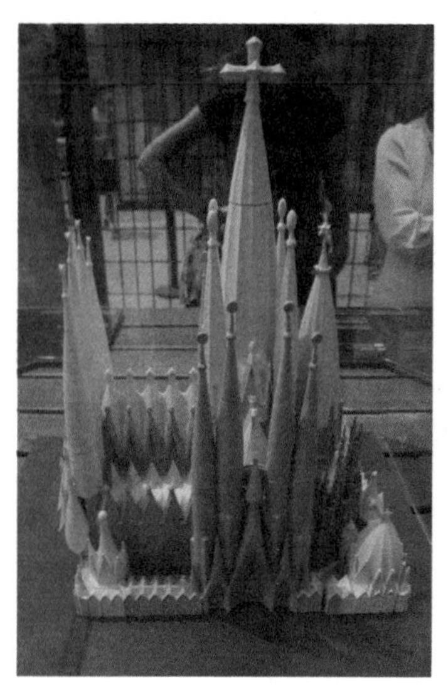

圣家族大教堂模型

圣家族大教堂天窗模型

圣家族大教堂天窗双曲面模型

密的几何逻辑和构成思维生成的。如大教堂的重重尖塔（见模型图），它的每条线其实都是按照严密的几何逻辑建构的，并非是“自由形态”的参数化设计。顶部的天窗（见天窗模型及双曲面模型图）的直纹双曲面模型展现了对数学中几何原理的运用。天窗截取了曲面的片断，并把它转化为人工的造型，运用加泰罗尼亚地区传统砖拱的方式，形成了双曲面的砌造形态，钢筋与数学模型内直线的点位精准对应，马赛克也严格地沿着曲面中直纹的方向镶砌。

当我们站在教堂内的地板上仰视时，由于主厅非常高，会以为顶面使用的是教堂里常见的装饰性涂料。但实际上，顶面的肌理和色彩是加泰罗尼亚的清水砖砌筑而成的。高迪把空间、结构、形式、色彩、光线等要素有机地组织在一起，构成了他的建筑，整个圣家族教堂都是以这样的方式设计和建造出来的。高迪是以完全人工的方式使他的建筑达到接近自然物的状态，他是一位接近造物者、上帝的天才。

另外一位代表人物是路易斯·康。他在罗马学院学习期间曾有一次重要的旅行，参观了大量古罗马经典建筑，并由此提炼出以简单的几何形及其组合作为空间构图的建筑语言。万神庙圆形的空间构图被他称为“原室”。古罗马建筑的特色之一，是其由一系列原室房间构成。路易斯·康在对古罗马建筑的学习中创造出了自己独特的设计语言，他后来的建筑都是由一系列原室，即各种各样的房间构成。

在纪录片《我的建筑师》中，路易斯·康的重要助手，也是他的情人安妮·唐带领康的儿子参观了特灵顿公共浴室。唐告诉他，从这个建筑开始，康找到了自己的建筑语言。宾夕法尼亚大学理查德医学研究大楼的建成，让路易斯·康走向了世界。康后续的作品在建筑语言、空间处理上更加复杂，如孟加拉国达卡的国家议会大楼。

宾夕法尼亚大学的建筑档案馆里存放了路易斯·康的笔记本、设计草图和施工图，我曾有机会参观阅读。他的笔记以自言自语的方式记录着自己的思考，通过几何的方式，他的建筑从“可度量”的物质性实体，到达了“不可度量”的精神性状态。在路易斯·康的建筑里，物质性和精神性以完全自我的方式呈现，这是他所达到的成就。

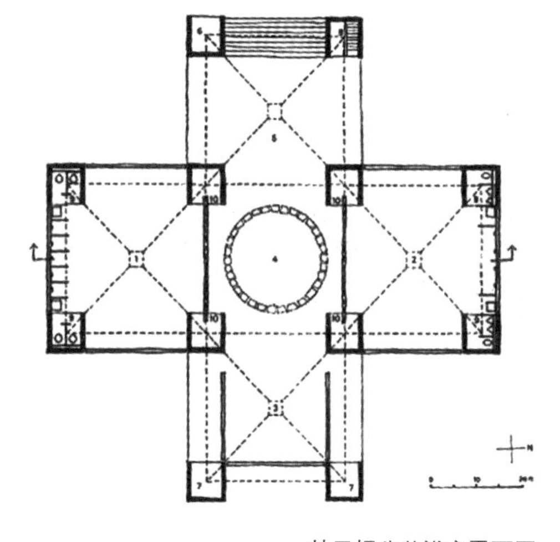

特灵顿公共浴室平面图

在路易斯·康的众多作品中，美国西部圣莫妮卡的萨尔克生物研究所是一个较为特殊的作品。在这个项目中，康早期的设计仍然是他惯用的一系列大小房间的组合。后来，作为业主和甲方的萨尔克博士（小儿麻痹症疫苗的发明人）对康说，我希望在这个研究所里，科学家能享受到如诗歌

孟加拉国达卡国家议会大楼

萨尔克生物研究所

一样的人文环境，而不只是研发制药的实验室。康因此得到灵感，做出了最后的方案：两端是大实验室，连接着重要的科学家研究室，中央是一个虚空的广场。原来的方案里广场上栽满了树，后来康请墨西哥建筑师路易斯·巴拉干提意见，巴拉干说："你最好去掉广场上的那些树"，康采纳了他的意见。最终，在这个广场上，人工界面与天空、大海所代表的自然形成了共存、互成的状态。在人工界面的作用下，天空、大海等普通的自然景象经转化，富有了诗意。我认为在康的一系列作品里，只有萨尔克生物研究所达到了人工和自然互成的完美状态。

以中国为代表的东方文化更强调人工和自然的互成。以清东陵为例，陵墓设在群山之中，建筑以一个"人"的姿态存在，两边山体环抱，背后仰靠于山，前面有河流和田野，并对景于山，这是陵墓建造的法则，是好的"风水"，也是中国文化中"人工和自然互成"的表达。

现在，我给大家介绍我们项目里的一个建筑构件——采用 GRC 材料制作的立体窗套。当工人把窗套样板放置在工厂外马路上的一瞬间，构件融入到了无趣的城乡接合部环境中，窗内的景象因为构件的界定而变得动人，这就是自然和人工物相互作用的结果，彼此依存、不可分离，达到了一种人工和自然互成的状

清东陵：人工与自然的互成

立体窗套构件

中国驻西班牙使馆办公楼模型

态。这个构件其实是要用在一个使馆改造项目里的，是西班牙马德里现存的一个东西向的中国使馆办公楼。使馆工作人员对马德里强烈的阳光非常不适应，我们设计的重点之一就是制作有深度的带遮阳功能的窗户，同时获得较为特别的建筑形象表达。

通过对“人工和自然关系”的思考，我们的设计实践有了更多方向性的聚焦。在此我对“几何”和“胜景”两个关键词汇做一个总结性的介绍。

“几何”，与建筑本体相关，是结构、空间、形式等互动与转化的基础，它赋予建筑简明的秩序和捕获胜景的界面，体现着建筑的人工性与物质性。“几何”是由人工的秩序延伸和扩展而成，包含结构、材料、形式、构造、空间、功能等对应建筑本体的因素，它们相互激发与转化，并通过几何逻辑整合为一体。高迪的建筑最好地体现了结构、形式、空间、材料、光线，甚至色彩的一体化转化与整合。

在“几何”要素里，我想提一个特别的关键性词汇——基本单体，它也体现了几何性的问题。建筑的空间构成有一种方式是进行若干个基本单体的组合，就像路易斯·康所做的那样（基本单体在康的建筑里就是房间）。这个组合并不是随意的组合，它需要体现几何的逻辑，同时又要能够获得捕获“胜景”的界面。

“胜景”是一种不可或缺的、与自然紧密相关的空间诗性，是在人工界面的不断诱导下所呈现的深远之景，体现着自然性与精神性。建筑中除了物质性和人工性之外，一定会存在精神性。路易斯·康和高迪是通过人工建造和几何营造的方式获得这种精神性的。而我希望通过人工和自然之间的相互关系获得这种精神性。“胜景”并非纯粹的自然，只有经过人工的作用，经过恰当地组合，能够互动，才是我心目中的“胜景”。与“胜景”相关的因素有人、叙事、界面、隔离物、景等。“胜景”强调人在建筑中的位置、人与景的相互关系，以及景与人之间的界面、隔离物，通过一层层地不断作用，从而形成“胜景”。

“几何”要素有捕获“胜景”的作用，而在“胜景”里，“界面”这个词其实是体现人工性和几何作用的。也就是说，界面是通过人工和几何的方式来获得。界面的作用如同中国古典园林里框景的窗户，它使人意识到画面的存在，意识到“胜景”和诗意的存在。

“胜景几何”是我们去年在北京方家胡同举办的作品展览的标题，也是今天讲座的题目。同时，我也想把这样一种思考跟我们的实践工作，以及我们面对的现实联系在一起。当下中国建筑与城市建设的严酷现实是，生活环境的过度人工化将人们逐步推离了往昔的生活理想。人与自然心心相印的独特传统，遭遇了由上至下、由专业到大众的集体放弃，从而导致千城一面。在这样的现实之中，我们何以建构和找回当代生活的诗性世界？

“胜景几何”不仅包含了我们工作中的两个重要元素，它在中文语境中还是一个问句：我们的“胜景”有多少？所以，“胜景几何”既是我们工作的方向与内容，也是对当下现实缺失诗性，以及我们为营造理想世界付出怎样的努力的省问。思考仍在继续，实践仍在进行。

下面我要讲八个项目，收录于我们年初出版的全英文作品专辑中。这些作品呈现出的是我们以建筑本体营造空间诗性的实践。它们从不同的地域和城市中的自然因素入手，表述对传统的敬意、对现实的改变，以及对某种文化和生活理想的回归。

复兴路乙 59—1 号改造项目

我十年前在北京做了一个小型的建筑改造项目，是跟住宅楼连在一起的小型综合体，集成了很多功能，包括商业、画廊、办公等。

考虑到与周围建筑的日照遮挡关系，我们首先推敲确定了建筑的形体。建筑的西立面朝复兴路转角的方向，是“立体画廊”，利用原建筑西侧的消防楼梯改

复兴路乙 59—1 号改造项目

复兴路乙 59—1 号改造项目的原建筑

建筑内部的不同空间对应不同透明度的玻璃

造而成。画廊在流畅的动线指引下，串联起一系列小的展厅，最终延伸到屋顶的活动空间。

建筑的外立面需要一个新的界面，以便把原有结构包裹在内。我们对覆盖新界面的材料——玻璃，进行了深入研究，尝试使用四种不同透明度的玻璃，以对应于建筑内部空间的不同功能，也就是根据空间内部状态的不同，来选择不同透明度的玻璃。

这座建筑经过改造后呈现出了与之前不同的状态。室内空间墙面采用 GRC 材料，地面用了花纹钢板，顶部是清水混凝土。对一栋建筑来说，内部空间给人的感受十分重要，几何网格及不同透明度材料的存在会对户外景致产生作用，带来丰富多变的取景效果，创造出不同于纯粹自然状态的新事物。

建筑空间中多变的窗格及取景效果

建筑内部空间

建筑内部空间

屋顶平台

建川镜鉴博物馆暨汶川地震纪念馆

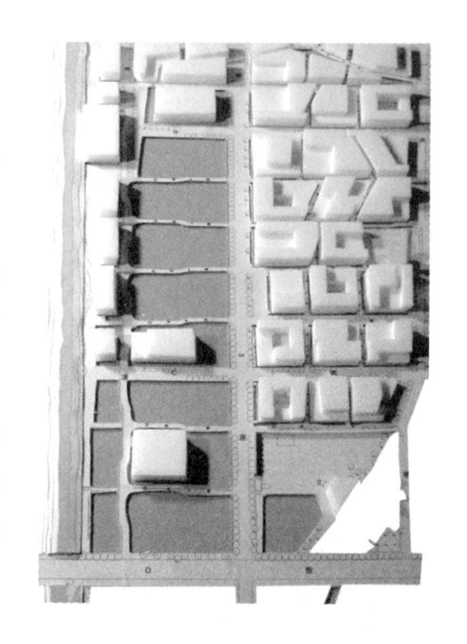

这个项目在四川安仁镇——成都边上的一个千年古镇，是一座私人博物馆。

在汶川地震发生一个月后，馆主收集地震文物，利用镜鉴博物馆已完成而未竣工的结构空间组织了一个临时展览，非常震撼。最后，管理者决定把这个展览的内容永久设置在镜鉴博物馆内，使它与原先规划的部分成为两个并置共存的展馆，所以，我们对建筑空间进行了重新布局和改造。

项目基地和规划模型

建川镜鉴博物馆

汶川地震后收集地震文物举办的展览

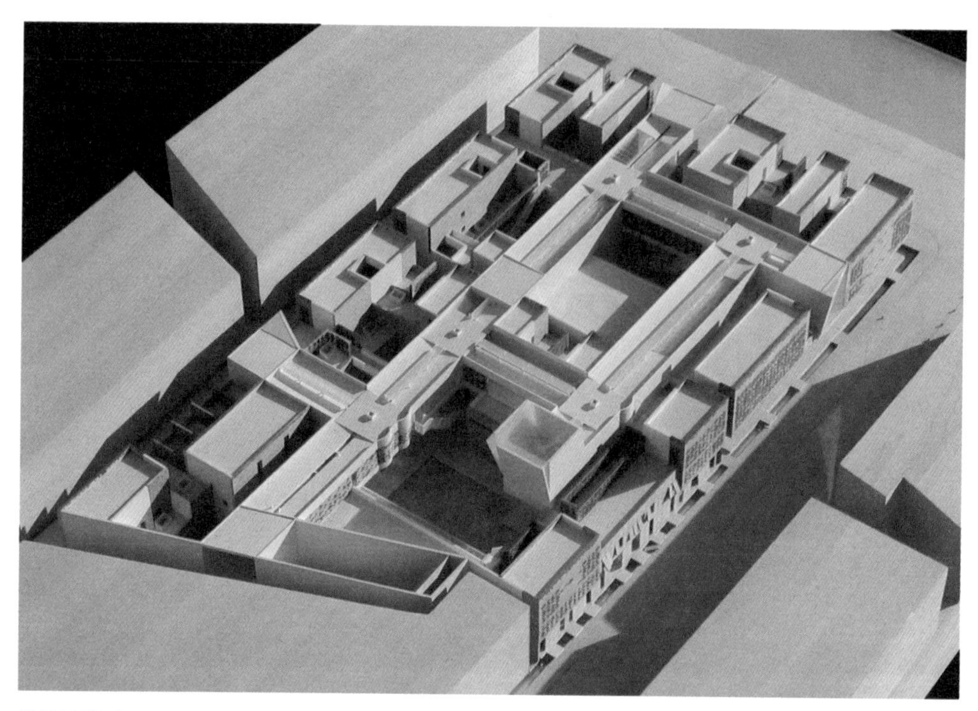

博物馆模型

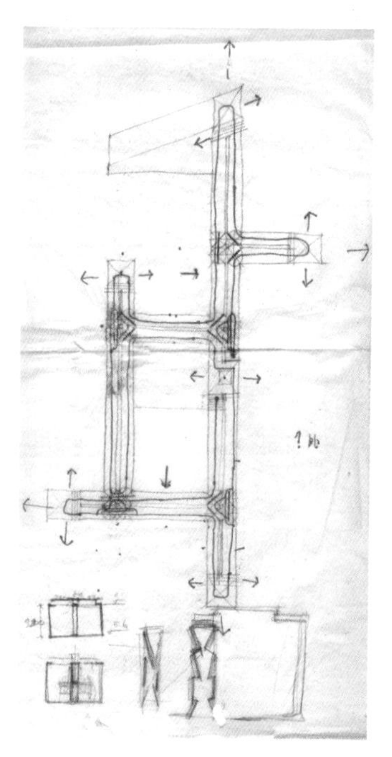

参观动线草图

实际上，这个博物馆的设计规划中还包括大量的居住空间和商铺，中间线状分布的部分才是真正的博物馆展厅。我们的想法是把它做成类似园林式的布局，外围由商业空间和住宅紧密包裹着，形成对外的城市界面，然后在中间的空地里营造内向的博物馆空间。博物馆展厅就像不断延伸的游廊和不同大小的庭院。这里的廊子是一种特殊的廊，通常被称为“复廊”——中间是墙，两侧是廊。它可以在最紧凑的用地条件下，创造出丰富的空间体验。整个博物馆展厅就是一组复杂的复廊，人的动线可以连续不断地顺着廊的空间延伸，不重复地参观整个展览空间。

复廊局部模型

旋转镜门模型及虚像模拟

我们在复廊的每个交接点和转弯处都设计了一个旋转镜门装置。利用镜面对光线的折射和反射原理，使各个位置的镜门相互组合，形成不同的虚像空间，复廊也因此成为了一个巨大的“潜望镜”。

旋转镜门的有趣之处在于，当一个人站在空间内部的某个点位上，可以看到一个在通常情况下看不到的空间。这是一个虚像空间，由镜门所造成的光线的折射和反射所形成。镜门的设置使建筑的内部空间形成了原来所没有的复杂性。参观者推动镜门，就会改变不同节点上门的分布和光线作用的状态，也就改变了人在空间中所看到的虚像状态，这使得展厅成为虚像空间和现实物理空间交织在一起的复杂空间。这样的虚像和现实交织的作品，其实是我对“文革”时期人的特殊生活状态进行的一次抽象的表述。“文革”期间，受意识形态的影响，现实

博物馆的内部空间

生活和虚幻的想象交织在一起，人们进入一种半疯狂的群体性状态，就像身处一场巨大的集体游戏之中。

复廊空间中的墙是双墙，这是旋转镜门精密操作的需要。为了形成完全封闭的镜筒一样的空间界面，所有的空间必须在几何上非常严密地对位。双墙具有充

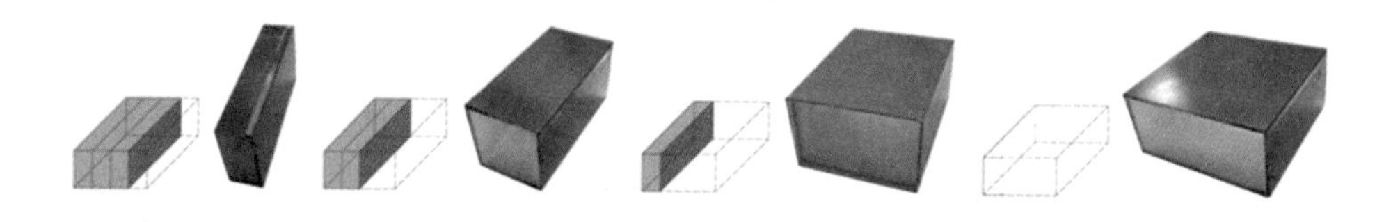

外墙面的砌砖方式

博物馆的内部空间

博物馆展厅中的旋转镜门

外墙面的砌砖

庭院与地面铺砌

当支撑结构、拔风的通道以及疏导雨水等重要作用，同时它还可用作展墙。

建筑内部的材质、色彩尽可能为虚幻、抽象的空间感服务，并尽量突显镜面的作用。安仁镇有丰富的砖砌墙传统，我们发明了一种钢板玻璃砖，用在博物馆的外墙上，简单易得又很便宜。将它跟普通的红砖、青砖砌在一起，可以使墙面获得不同的透明度，这样就实现了我们用四种透明度对应室内不同功能空间的设计。

纸砖房

2008年威尼斯双年展时，受策展人张永和老师邀请，我成为五名参展的建筑师之一，参与制作中国馆的参展作品。那次威尼斯双年展中国馆的主题是“普通建筑”。张老师提出的要求是，尽量不要用一般图纸和模型的方式，而是采用真实建造的方式来展示建筑。因此，我们真的各自盖了一座房子。房子的规格统一为：2米宽、4米高、15米长。另外，由于刚经历了5・12汶川大地震，张老师还希望我们的作品能表达出与这场灾难有关的一些想法。

我的作品叫“纸砖房”，使用轻质建筑材料作为对汶川地震的回应。这些材料来自于我日常的工作之中，是设计院出图用的图纸箱和打印图纸后剩下的一些打印纸管。我用图纸箱和打印纸管暗示中国当下大量普通建筑的生产式设计状态和建设规模，这也是对中国馆主题的回应。

威尼斯的军火库，现在已经变成中国馆的永久展场，库房里面有很多大型油罐。外面的处女花园是一个历史建筑的遗址，在花园里进行任何建造都不允许往下做基础，以免破坏遗迹。所以，我们最终决定将五栋房子放置在花园草地边的甬路上。构思设计方案的时候，我正在美国旅行，是在华盛顿的旅馆里画的草图。我还记得那是汶川地震后的第七天，我跟着房间里的国内电视直播做了默哀仪式。电视里不断播放建筑的混凝土废墟下埋了很多人的画面，救人的过程非常艰难。当时，我潜意识的反应是，若采用轻质的建筑结构和材料，发生灾难和危险后，救人会更容易。纸就属于轻质材料，以日常工作里常见的纸管和纸箱作为

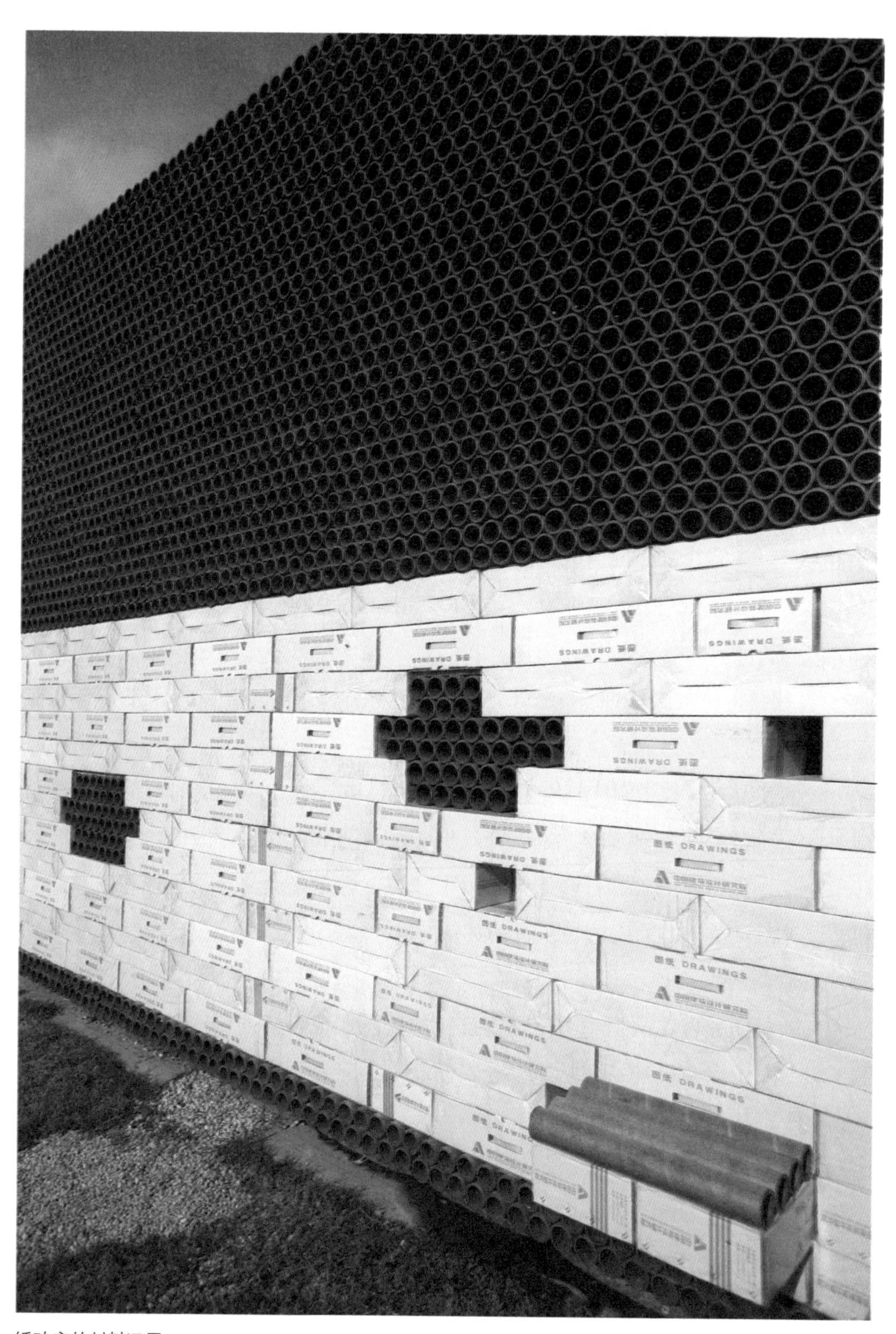

纸砖房的材料运用

威尼斯军火库

材料，采用我们曾多次尝试的乐高积木的标准化搭建方式，我想这或许是个好的设计思路。外观是矩形的盒子，中间有一个庭院，两端各有一个楼梯，一层是客厅，二层是卧室和书房，端部朝外还有一个“亭子”，以及悬挑在外墙上的座椅，供游人休息。

房间、庭院、门窗、楼梯、楼板、阳台，实际上都是微型住宅的表达。我为二层卧室的阳台取了一个浪漫的名字——罗密欧与朱丽叶阳台，他们两人的故事就发生在威尼斯附近的维罗纳。两个楼梯中的一个做成了“斯

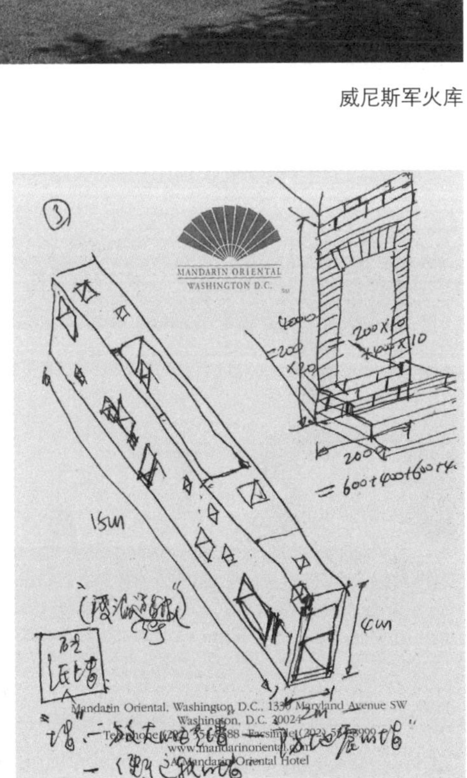

纸砖房设计草图

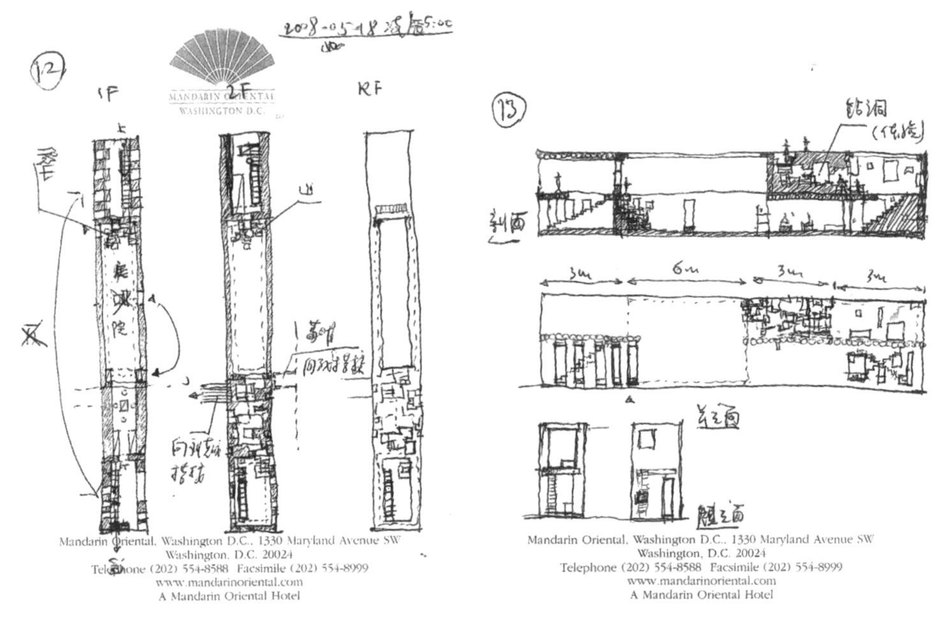

纸砖房设计草图

纸砖房外观

纸砖房现场

纸砖房内部空间

纸砖房内部空间

卡帕台阶”，一种左右脚交替向上的做法，为的是向威尼斯建筑师卡洛·斯卡帕致敬。

整个建造过程经历了纸管和纸箱的防水处理、连接构造研究、受力荷载实验、在北京试搭建，以及最后的构件编号装箱，并从北京运到威尼斯。

纸砖房是对轻型建筑的一种尝试，而非对抗大自然的重型建筑。它的基础铺

斯卡帕台阶

在找平的软性的沙袋地上。其实在威尼斯，几乎所有的建筑都建造在打入海底淤泥里的木桩上，这是最古老的减震而非抗震的方式，纸砖房的沙袋基础也是对这个传统的回应。

北京地铁昌平线西二旗站

这个项目是北京地铁昌平线终点站和 13 号线的换乘站，是一个高架地铁车站。车站设计首先是将两个方形剖面并列，生成两组具有换乘功能的轨道和站厅，然后基于这样的剖面做了两个筒状的建筑。

我们意外地从折纸中找到了灵感，决定采用折纸的方式建造车站空间。设计

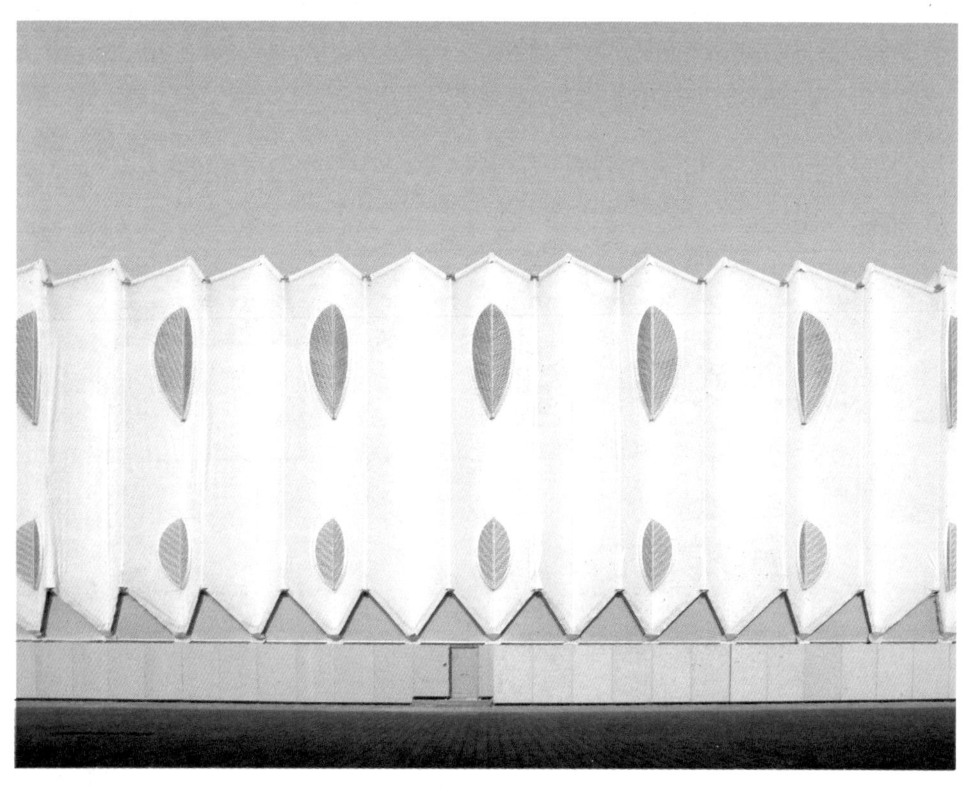

西二旗站局部立面

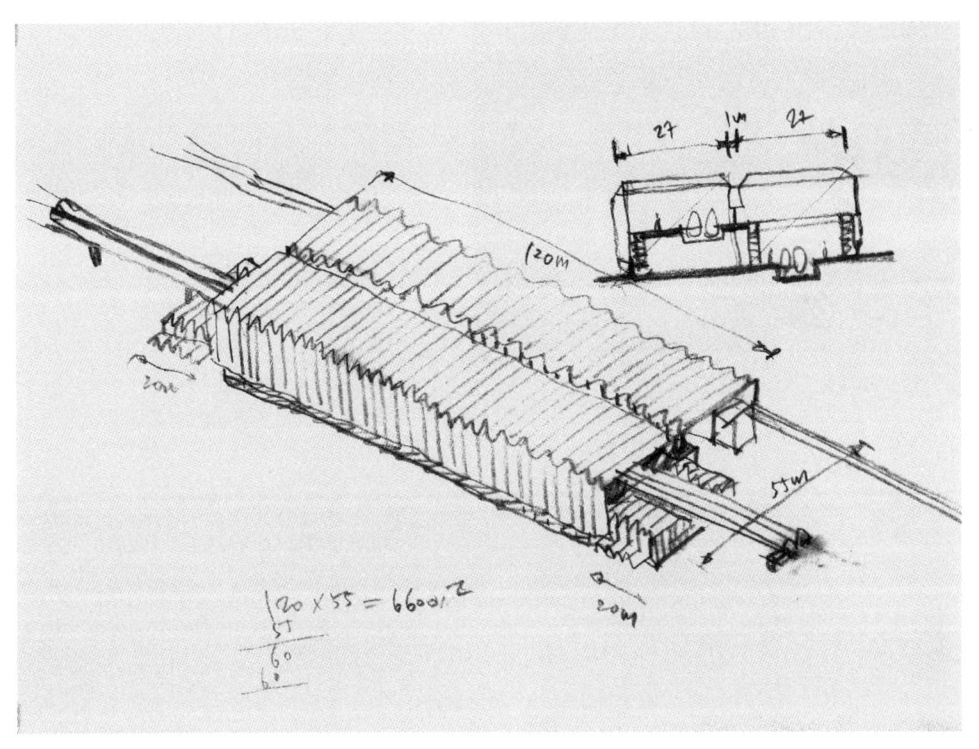

西二旗站设计草图

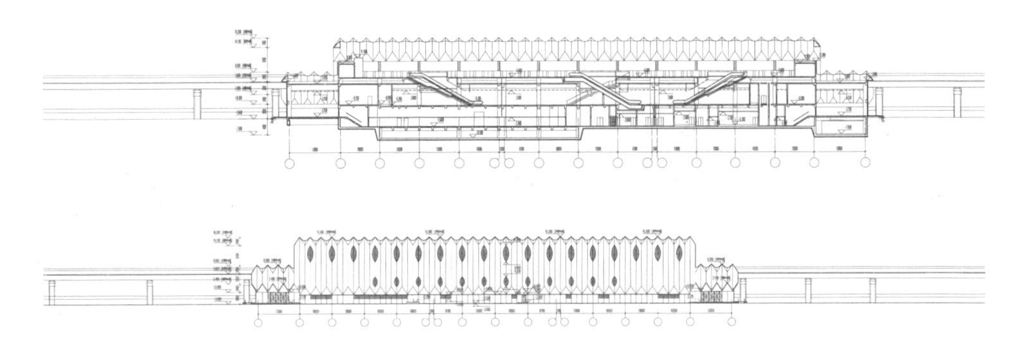

西二旗站剖面、立面图

过程中为了确保交通合理运行，我们做了很复杂的交通模拟分析。

我们从折纸作品中获得灵感，采用轻型建筑的建造方式，打造轻质、半透明的空间和建筑形态。夜晚，灯光可以穿透建筑表面，形成一个具有朦胧美感的光

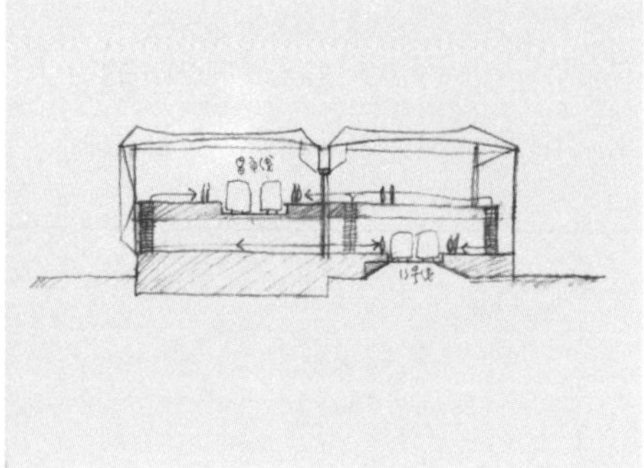

西二旗站局部模型和剖面图

西二旗站夜晚实景

盒，并有着类似折纸艺术的细节表现。西二旗站人流量很大，“光盒子”在夜晚非常明显，可以给前往地铁站的行人以显著的提示。白天，建筑具有轻盈的雕塑感，阳光可以透过材料、穿透空间，完全不用人工照明。材料虽然轻软，但因为良好的透明度及细节的处理，反而具有了硬质材料的雕塑感。建筑整体体现出了钢结构与膜结构的完美结合。

轻质材料与重型材料建造的建筑对自然力的反应和影响是不一样的。这个车

西二旗站实景

西二旗站内部空间

西二旗站内部空间

站项目之后，我们做了一个超大型膜结构的设计——深圳的体育中心（“海之贝”体育场），它由若干个膜结构场馆组成，可惜的是这个方案最终未能实现。

海南国际会展中心

可能是出于建筑师的某种习惯，深圳项目中某些没有实现的语汇被我们转移到了海南这个设计项目里，但由于各种原因，材料被转化成了钢结构，而不再是轻型膜结构。海南国际会展中心的设计跟深圳的那个方案不完全一样，只是在某些设计语汇的运用上有异曲同工之妙。

虽然材料转换了，但我们还是希望采用比较轻盈的结构处理方式。建筑整体是钢结构，隆起的壳体单元不断重复，组合成中部的空间，并用直纹曲面完成对边缘空间的缝合。

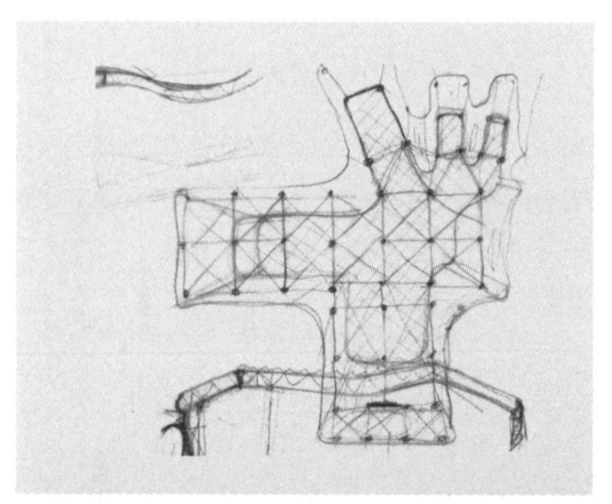

会展中心顶部曲面构成及结构

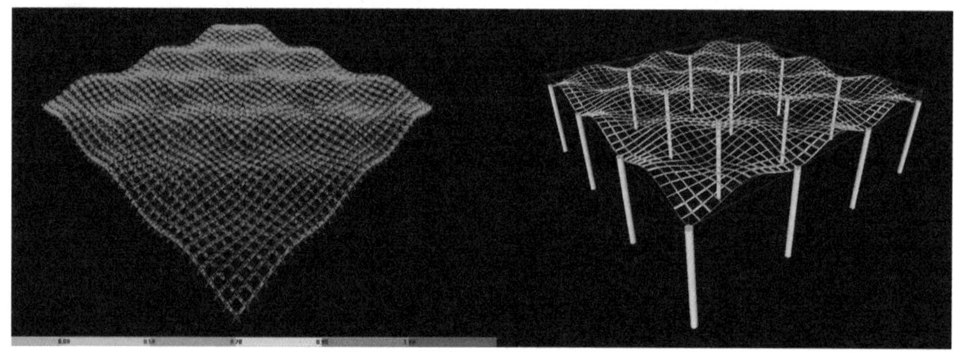

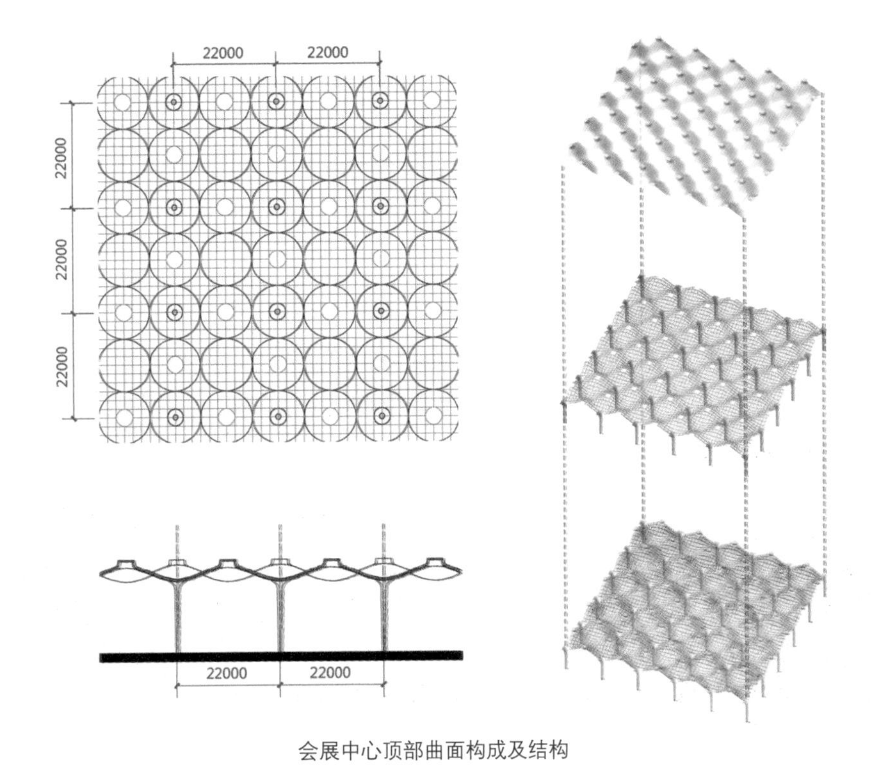

会展中心顶部曲面构成及结构

会展中心屋顶壳体单元模型

图中所示是一部分壳体单元的组合方式和结构支撑、受力方式。呈波浪形分布的壳体结构可以使曲面的厚度变得很薄，并形成足够大的跨度。最后，该结构的跨度达到了 22.5 米 × 22.5 米，这对会展空间来说是比较合适的，但厚度只有 25 厘米左右。

会展中心实景

会展中心屋面

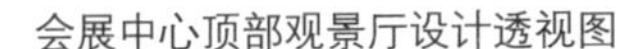

会展中心顶部观景厅设计透视图

会展中心入口

密布天窗的大面积屋顶下面是展览中心，有较高隆起和指状体量分布的屋面部分是会议中心。建筑顶部的造型跟海边的环境有一种关联，形成了独特的景观。我希望这样的人造景观与远处的大海组合在一起，能够给人以特殊的感受。因此，我在会展中心的顶部设计了小型观景式咖啡厅，可以欣赏“波浪起伏”的屋顶和远处的大海。我们还设想在屋面上铺设太阳能板进行光伏发电，但是没有实现。由于工期的原因，观景咖啡厅的设计也没有实施，屋顶的景观只能在周围的高楼上才能看到，留下了遗憾。

展览中心内部天窗的效果非常好，白天完全可以利用自然光进行布展。顶部的建筑结构完全暴露在内部空间里。整个建筑的施工以工厂预制、现场组装、吊装的方式完成。建筑的结构、光线、外部造型，以及内部的特殊空间达到了高度的和谐、统一。

展览中心室内的屋顶天窗

展览中心内部过厅

元上都遗址工作站

元上都遗址工作站在内蒙古大草原的正蓝旗，位于世界文化遗产元上都遗址的入口处，是一个小建筑。400 平方米的空间被化整为零，变成一个个小房间，它们以一种聚落组合的方式在大草原上跟远处的遗址形成呼应。遗址宏大、厚重、久远，具有永恒感，而工作站则微小、轻薄、现代，以临时感的方式存在着。

通过平面草图可以看到，建筑是以严密的几何构成逻辑进行组合的。圆形房间朝内的一侧被一条连续折线切削，从而形成内部界面；朝外的界面则保持曲面的形态，并在外部罩上了一层膜结构，从而创造出轻盈感和临时感。我们还为内部空间设计了灯光，可惜最终未能实现。

建筑从远处看，就像草原上最不起眼、最常见的一组蒙古包；到了近处，会发现它与蒙古包其实是不同的，有一种戏剧感。它们和草原、遗址紧密关联，通过曲折的界面与自然交互、沟通。

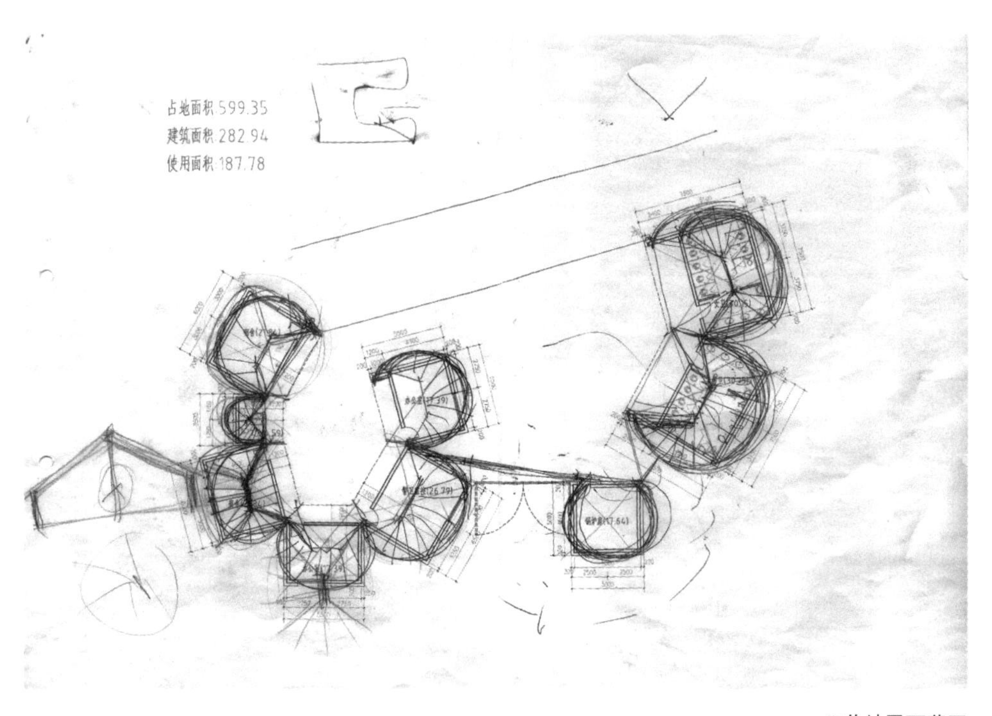

工作站平面草图

工作站结构模型

工作站模型

建筑外部的轻质材料和内部的混凝土结构通过剖面式的立面暴露出来，同时被施以同样的颜色。而同样的颜色使得并置和暴露的两种材料形成了某种暧昧不清的关系，清华大学的周榕老师称其为“最有诗意的场景”。

工作站膜结构

工作站庭院实景

工作站内部窗景

第三空间

这是在我的家乡唐山做的一个商业项目，属于房地产开发，名为“第三空间”。第三空间，是年轻的甲方老板提出的概念，他希望这个建筑能提供给人们既不同于住宅，又不同于办公室的“第三种空间”。唐山本地那些小的企业领袖可以将它作为私人空间使用。这栋楼位于唐山的城市中心，每一个单元都是复式的，占据两个层高，下部的连接体具有公共服务功能。

我将设计草图的总图、立面图直接画在日照分析图的网格纸上。由于这个项目用地的旁边有一组工人住宅，新建的房子不能对原来的工人住宅有任何日照上的负面影响，因此，我根据阳光射入角将房子的主体斜向布置，从而达到理想的效果。然后，基于这样的总体布局，再做不同建筑形态的推敲。我在内部空间

第三空间模型

单元的草图上，推敲如何使建筑内部空间与外部空间产生联系，并同城市发生作用。最后，我在这栋高层建筑里做了很多小房子。它们垂直分布于建筑立面上，与城市对话。

建筑内部空间的丰富变化使得建筑结构需要以一种错层的方式存在。从图中可以看出，每个单元内有若干个小房子坐落在台地式的空间里。台地式的空间通过结构楼板的错层实现，是人工的台地，就像山坡上分布的几个小房子一样。有些小房子裸露在外部，在垂直方向上以交错的方式进行组合。

在单元内部感受不到重复和标准化空间的存在，实际上，它们两两之间也是有区别的。我们为裸露在外的小房子专门做了室外的楼梯，暗示建筑内部空间的高度变化。有时，我自己一眼看上去，也搞不清楚是哪个单元，但它们内部都有特定的规律。这些小房子的内侧立面使用了不同颜色的唐山陶瓷碎片来拼砌，以此表达城市生活的丰富性，小房子及其背后的空间单元们就像城市里的聚落一样。

所有建筑构件以预制拼装的方式实施。混凝土建造主结构，拼装的钢结构小

第三空间模型

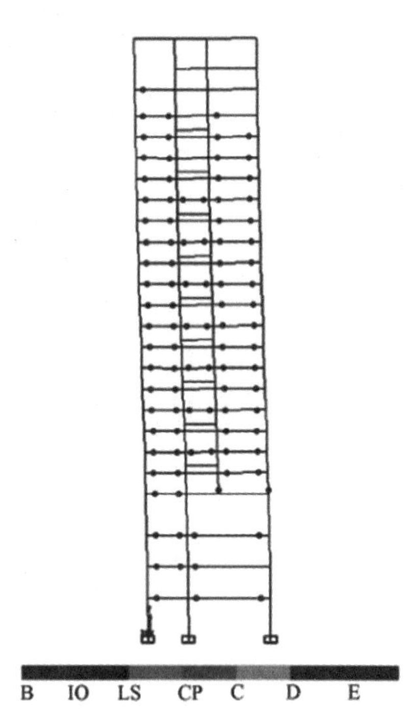

第三空间结构剖面

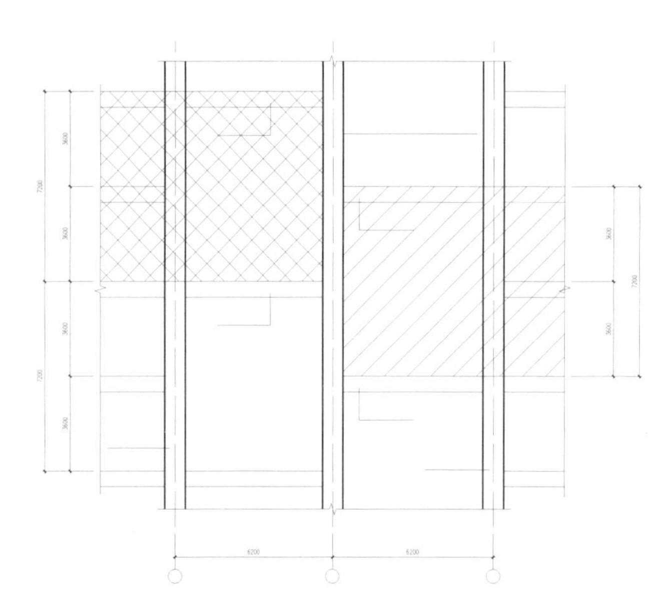

第三空间结构剖面

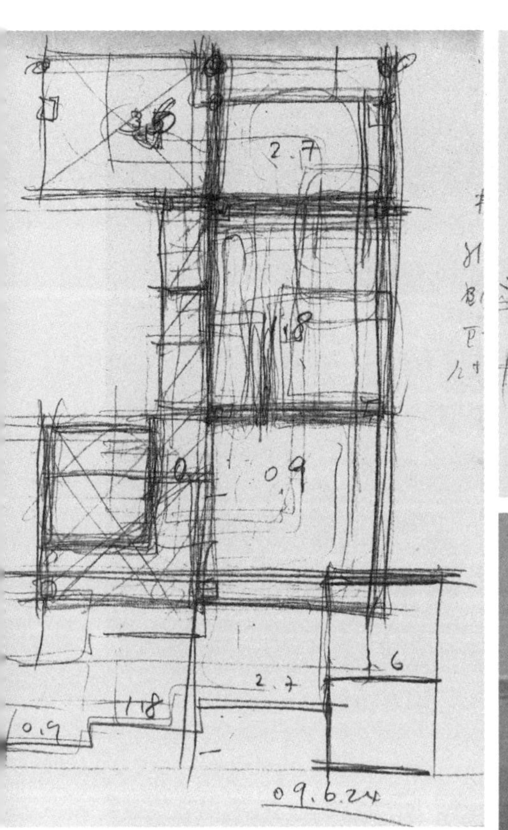

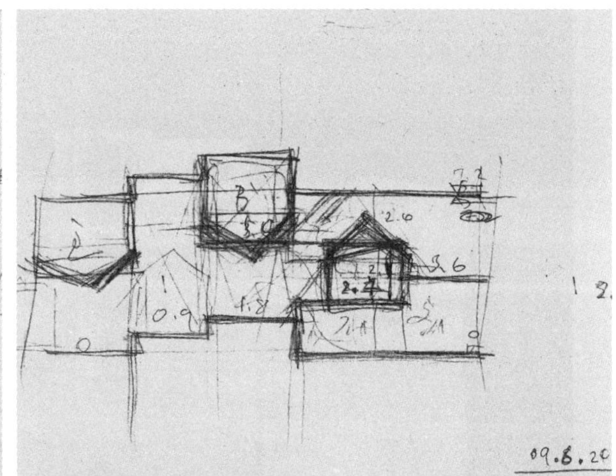

第三空间空间单元设计草图及模型

第三空间空间单元错位组合模型

第三空间室内空间单元

第三空间建筑外立面

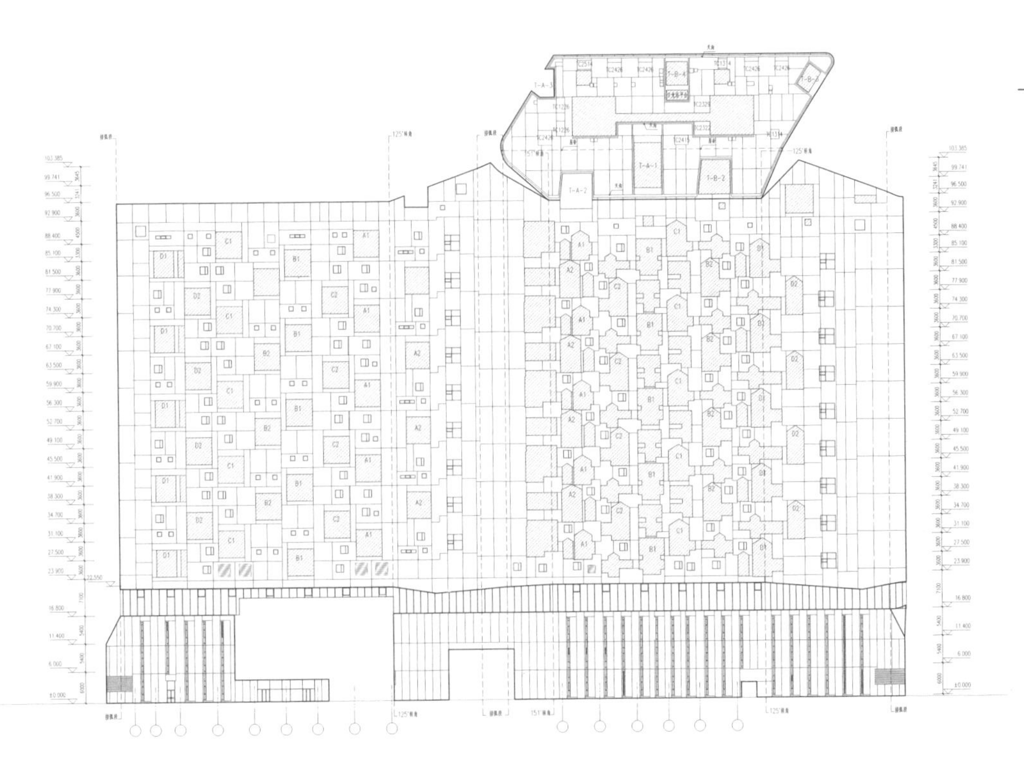

第三空间建筑外立面展开图

房子坐落在混凝土平台上。由于新建筑的介入，城市原有的状态在使用者和市民的视野里都发生了某种改变。

绩溪博物馆

绩溪博物馆所处的绩溪县华阳镇位于古徽州的核心地带，有上千年的历史。这个地方出了很多名人，例如胡适、胡雪岩、胡宗宪。古镇四面环山，有水系穿流经过，形成了良好的人居环境。安徽的“徽”字可以拆解成“山、水、人、文”四个字，恰巧是这里的写照，山水环抱、人文荟萃。绩溪名字的由来也同古镇所在的山水环境有关系，据县志记载：“县北有乳溪与徽溪相去一里并流，离而复合，有如绩焉”。“绩”就是纺线的意思，绩溪因此而得名。绩溪后来被评为全国历史文化名城，但它其实并没有被很好地保护。

古城里有大量的小尺度民居，新建的大尺度办公楼、住宅楼穿插分布其中，是一种典型的中国小城镇混合尺度的空间状态。因此，绩溪博物馆采取了一种中间的尺度，以便与这两种尺度协调。博物馆的用地原来是县委县政府的办公区，长方形，西侧是一条通往中学的路，东面一个巷子，北面一个巷子，南侧是城市主干道和主入口，这个地方也是以前绩溪的县衙所在地。

新的建筑设计中保留了许多原来县政府大院里的树木，无论树种好坏、树龄多少，尽量保留。其中，一棵700年树龄的古槐，被当地人称为“树神”。所有的建筑体块都避开这些保留的树来安排，这样自然形成了博物馆的基本布局。我们通过引入一套经纬网格来实现建造的几何逻辑，经纬网格里又引入了两条不规则经线，如同古镇里的两条溪流，它们扰动着规矩的经纬网格，也影响了整个建筑的空间布局和形态。

建筑的结构体系顺着网格布置，成对组合的轻钢屋架有规律地分布在建筑空间内。三角屋架的坡度直接取自当地民居屋顶的坡度，符合气候条件和排水的要求。顺着这些三角屋架形成了覆盖整个用地的大片连续屋面，然后，在保留有树的地方切割出庭院、天井，再加上两条干扰线形成的内街，建筑的基本格局和空

博物馆鸟瞰

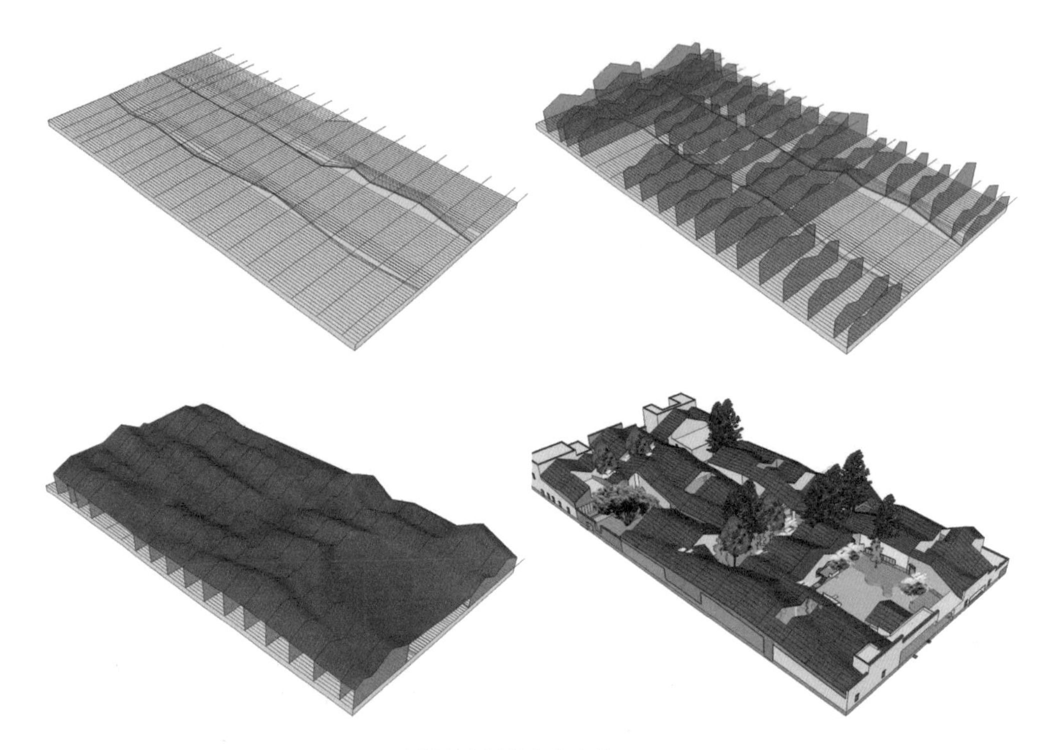

博物馆设计概念的生成

博物馆空间构成与徽州民居的关联

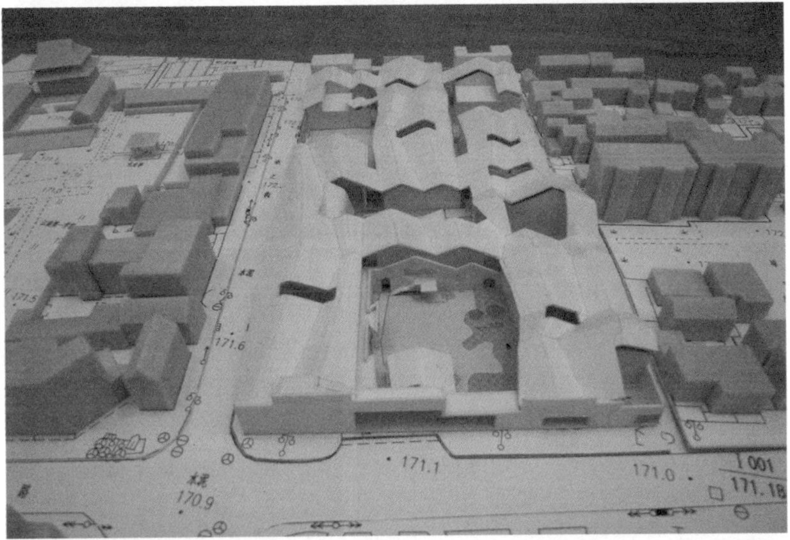

博物馆设计工作模型

博物馆入口庭院

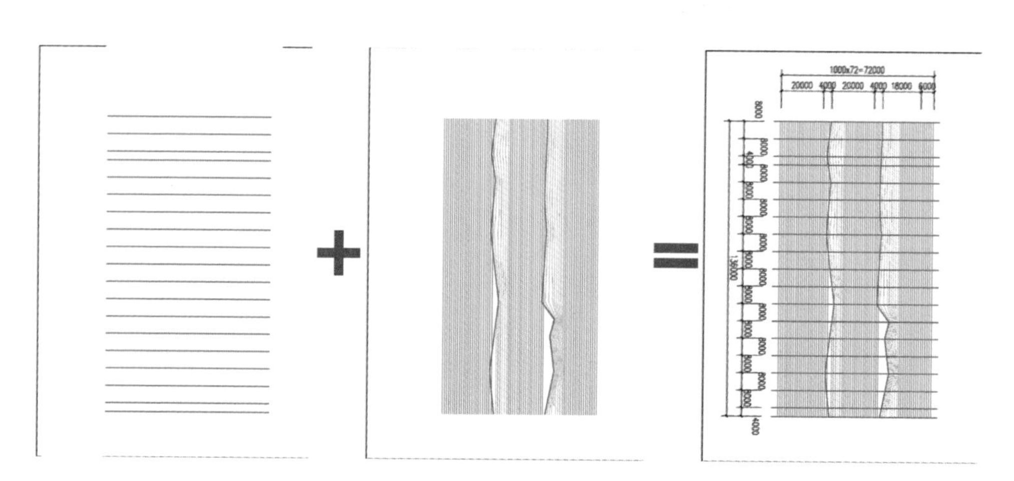

博物馆设计经纬网格

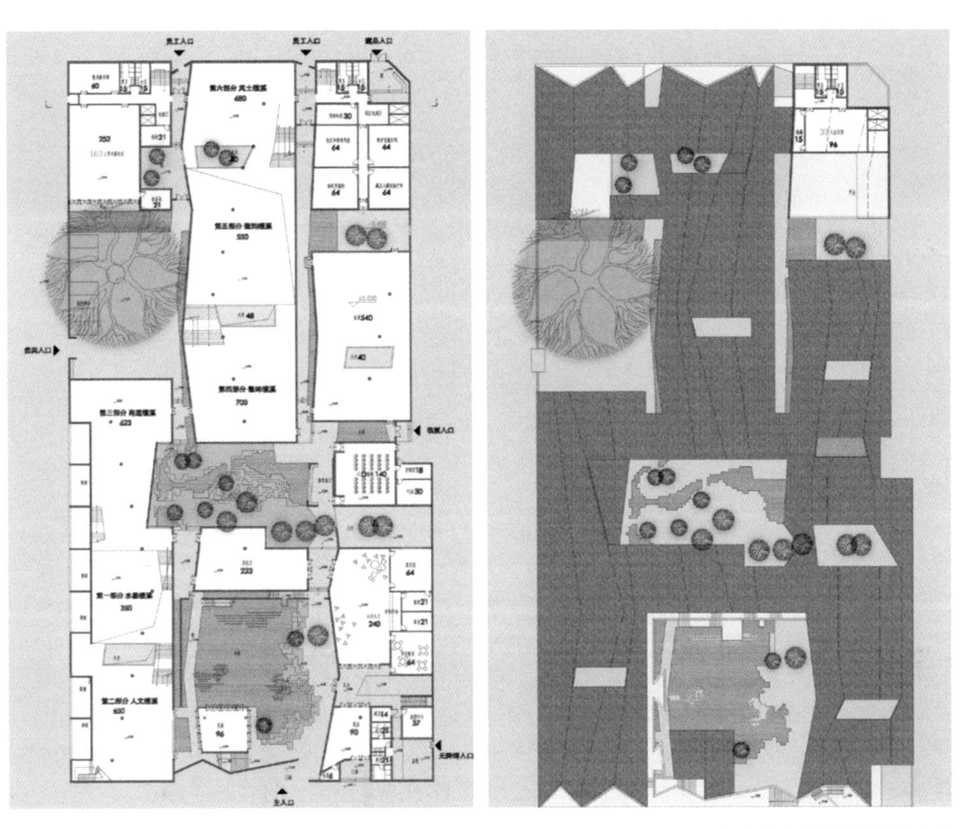

博物馆首层及屋顶平面图

间形态就完成了。徽州村落的一些空间特征在这个建筑里都有所对应。

从平面图中，可以看到主要展厅和各个附属功能空间、700 年的古槐和其他一些被保留下来的树木，以及街巷、天井、庭院，水面、小桥、茶室……从室外楼梯可以上到二层的屋顶游廊，高处还有一个观景平台，可以俯瞰整个屋面和眺望环绕古镇的远山。在这里，人们可以领略到人工屋景和远处自然山景的呼应，以及由此而来的诗意。

我们将建筑的内部空间和外部空间串联形成观展动线。市民可以在不进入博物馆室内的情况下，自由使用建筑室外开放的公共空间。我们在主街对面的广场上设计了假山，经过假山和街桥可以抵达博物馆的观景台，在入口庭院里还有一组水平游线，可通过楼梯去往二层游廊，最后到达观景平台。开放的公共空间可

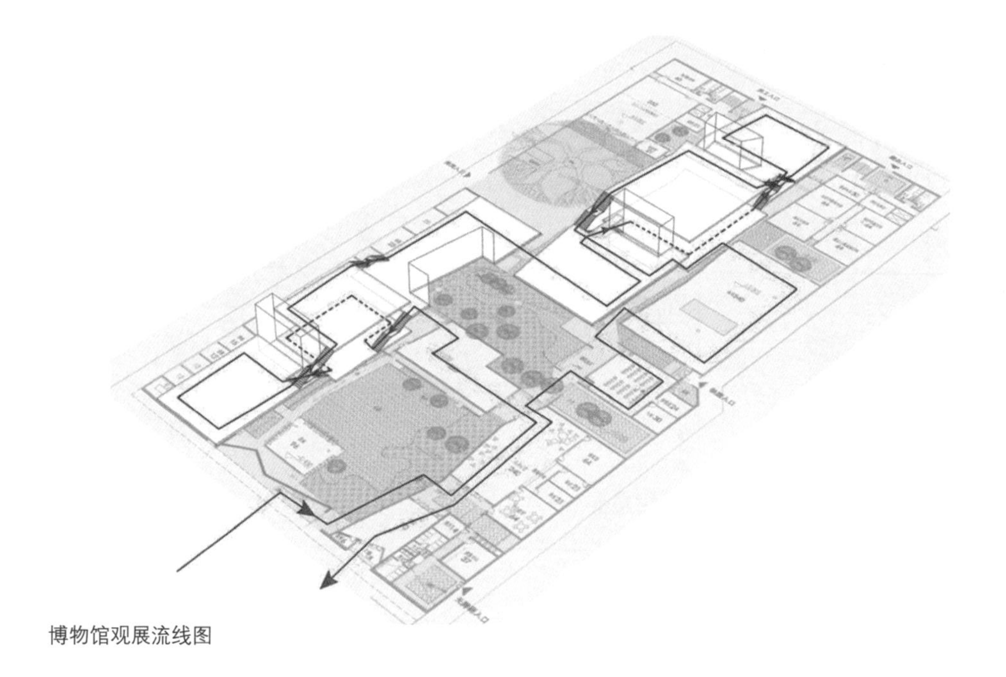

博物馆观展流线图

博物馆屋顶景观

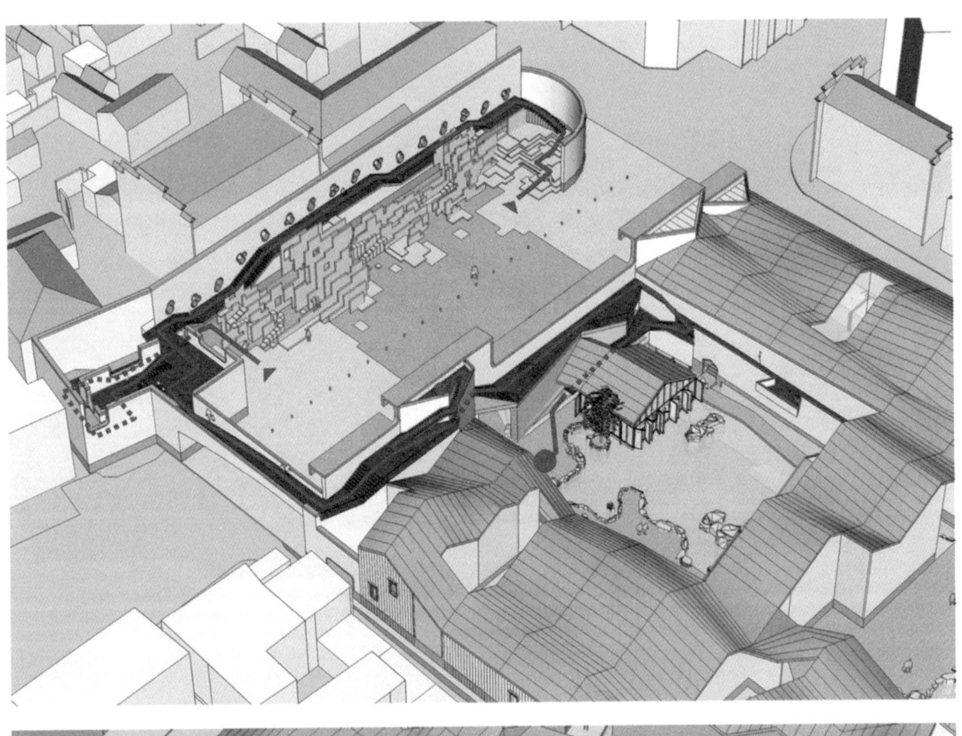

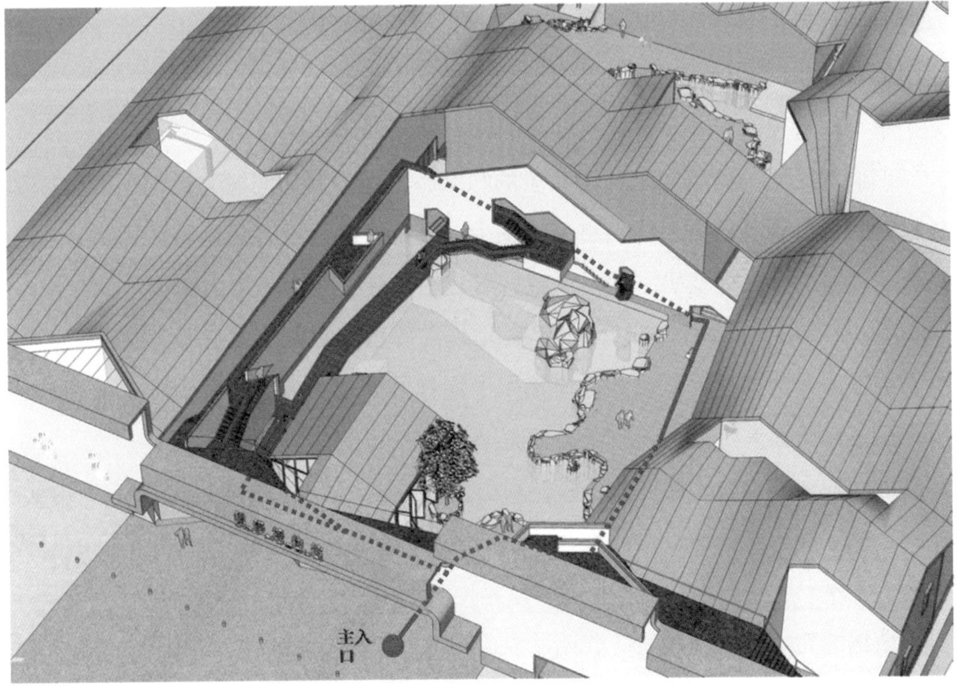

博物馆开放空间游览流线图

博物馆屋面及内部结构

以说是和博物馆共存的。从政府机构转化为公共性机构，博物馆提供给市民自由使用的公共空间是理所当然的。建筑内部空间中结构的暴露和不断绵延伸展的感觉，跟外部屋顶的形式及其捕获胜景的状态是和谐统一的。

四周的民居与博物馆是和谐共生的状态，民居的屋面同博物馆的屋面坡度和瓦材一致，但设计语言不同。将来，随着时间的流逝，经过风吹日晒雨淋，这些瓦会像民居的瓦一样变黑、变得斑驳，形成一种具有生命沧桑感的状态。

“片石”假山的设计灵感，源于台北故宫博物院收藏的《清明上河图》中的山石画法。山池一体，假山和池岸运用了同样的处理方法。将来，植栽的爬藤爬满片墙，自然和人工会达到一个更加交融的动人状态。

展厅的内部，建筑结构被暴露、刷白，形成了一种特别的内部空间表现形式，并制造出空间的延伸感。展厅大房子里有小房子，可以满足某些特殊展品的灯光和展示需要，还有更小的房子，就是家具，它们延续了与建筑相似的设计语言。

绩溪博物馆投入使用后，我陪朋友在展厅中参观，发现了一幅胡适年轻时手书的对联，“随遇而安因树为屋，会心不远开门见山”。它透露出了青年胡适所追

博物馆庭院

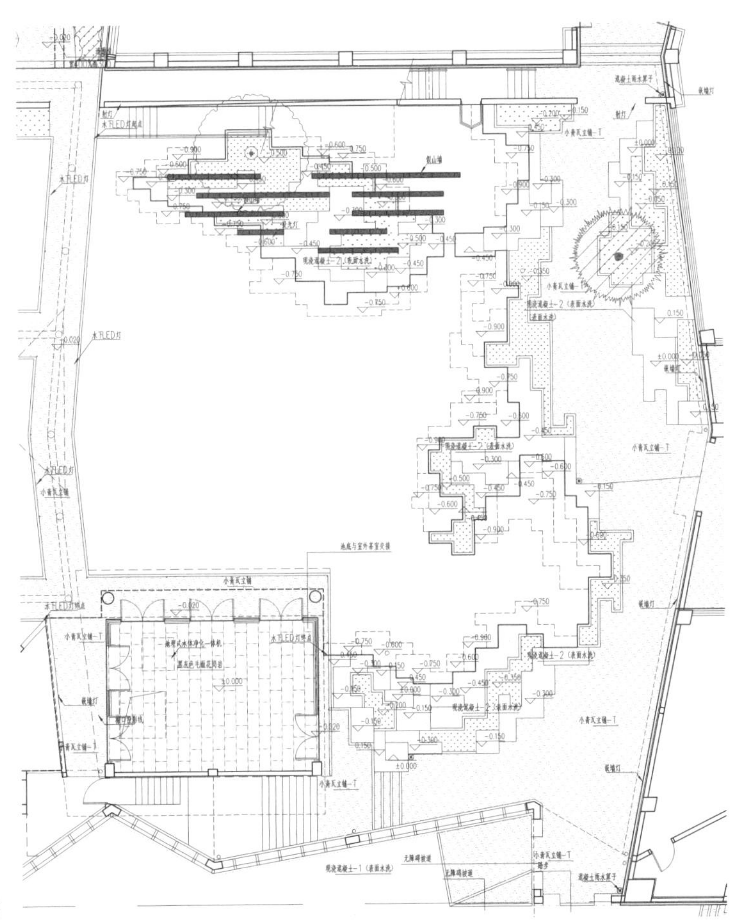

博物馆假山池岸设计详图

博物馆假山细部设计

博物馆池岸细部设计

求的理想的精神栖居地。这让我想到了那棵七百年的古槐，胡适当年没准也曾在此见到过、抚摸过。对联和树的存在让我觉得冥冥中有一种巧合，好像胡适在很早以前就写下了我们这座博物馆的设计导言：以树为屋，开门见山。

透过玻璃窗看到展厅内胡适先生的手书对联

问答部分

Q1：博物馆的最终设计方案把屋顶平面进行了规划，进行了经纬的划分，极具理性色彩。请问您这件作品的创意灵感来源是什么？为什么采用了这样的表达方式，而不是其他的？

李兴钢：我跟甲方解释说，绩溪就是因两条小溪“流离而复合”得名的。我们博物馆的屋顶肌理特别像密布的纺线一样，这是对绩溪地名和历史的呼应。甲方听了很高兴，因为这就跟当地的历史文化产生了关系，有了“说法”。实际上，我内心希望在古镇的环境中，人工的建造系统能够引入自然的元素，以此去扰动一下完全规矩的人工性。对用地里原来树木的保留以及观景平台对远山风景的捕获是实现我内心想法的一种方式，而建筑本身的形态、设计所形成的屋面之景和内部空间也是重要的方式。

有一次开研讨会时，董豫赣老师说，如果扰动经纬网格的地方有两棵树就更好了，两个扰动是更有道理和存在感的扰动，他说的很有道理。

Q2：我发现您在不同的地方做建筑，构思也会不同，会跟地域产生很大的关系。您的海南项目会让人想到波浪、白云、大海，在绩溪做博物馆又把徽派建筑的特色挖掘了出来，做的瓦特别优美。我特别喜欢这种把最民族、最本质的东西表现出来的作品，张永和也做过。请问您做设计是因地制宜还是把思想一直延续下去？另外，我特别喜欢您，感觉您特别有才，并且特别谦虚、温文尔雅。北大董豫赣老师的园林赏析课，您也听了半年，最大的收获是什么？请跟我们分享一下，我们也想像您那样成为一个好的建筑师。

李兴钢：谢谢你对我的夸奖。

第一个问题，是因地制宜还是贯彻或者加入自己的思想，我觉得两者都要有。首先，一定要因地制宜，特定的场地、特定的使用者、特定的时间，有很多特定的东西，建筑要跟它们结合，要源于那些东西，要跟它们有关联，这样才能做得顺畅，就像生长在那个地方的民居一样，非常自然。同时，我认为也不能完全排除个人意志和思想的介入。对我来讲，这两者都是很重要的。有的建筑师会倾向前一种，有的倾向于后一种，我认为两个都需要，这样才是我的设计。

学习对我来讲非常重要，我的思考和实践都是在不断学习中自然形成的。有句话叫作"边走边唱"，我是"边学边干"，停止学习、封闭的状态对我来讲是不可想象的。当然，每个人有每个人的状态，我也谈不上谦虚或者是其他什么，我只是觉得这是我的兴趣和愿望。我对这个事情感兴趣，就会去听这方面的课，是很自然的状态，并不是刻意为之。谢谢大家。

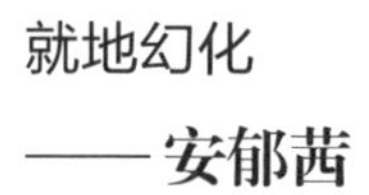

就地幻化
——安郁茜

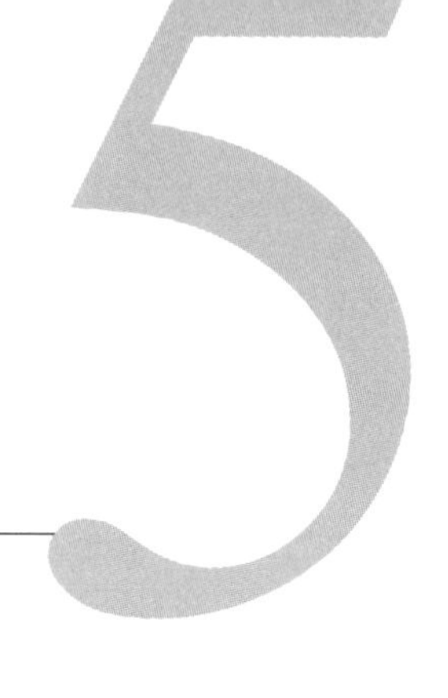

安郁茜

美国宾夕法尼亚大学建筑硕士，美国宾州注册建筑师，美国费城 The Hillier Group 和 TKLP 项目建筑师；曾担任台湾实践大学设计学院院长、建筑系副教授，实践大学台北校区校园总体规划主持人。现为建筑师、设计师，并任财团法人、文化艺术基金会董事、台湾文化主管部门古迹历史建筑审议委员、凤甲美术馆董事等职。

1991 年我自费城回国教书，1993 年进入实践大学室内空间设计学系（今建筑系前身）任教，2010 年离开学校结束教职生涯。在实践大学的 17 年中，有 14 年连续兼任该校的校园兴建委员会委员，参与了今天要讲的实践大学台北校区校园的规划和就地整建。

刚到实践大学任教不久，有一天总务长对我说，学校的行政大楼中，董事长的办公室在东边，他的办公室在西边，把一个球放在自己门口走道上，它能一路滚到董事长办公室门口。他问，这楼是不是歪了？我说应该是地基下陷了。之后，学校就委托我研究这栋楼怎么修缮。这栋建筑已建了 40 年，兴建时学校初创，筚路蓝褛，材料因陋就简，原本设计的是地上四层地下一层，竟因经费拮据而没盖地下那层。面对结构基础都有大问题的楼，我建议学校不要再花大钱修缮，应立刻停止使用。

当时，学校不想就这样放弃。于是我以确保继续使用时安全为前提，模拟设计了以钢骨结构墙环绕撑住它的方案，并估出如此修缮所需的经费，结果几乎与重建一栋新楼一样，校方终于放弃修缮。实践大学当时刚改制为大学（原为实践设计管理学院），随着校务发展，学生和老师的人数大幅增加，校园空间问题颇多。于是，我建议学校制定一个因应未来发展的校园整体规划。就在学校犹豫不决的时候，发生了9·21大地震。地震在半夜，没人受伤。但地震第二天，校方就将结构有问题的行政大楼贴了封条，很快就拆除了。接着，就请我进行校园总体整建规划。

今天我要分享的，就是当时的校园规划项目提案内容与后续的执行状况。

学校占地4.5公顷，发展快速，白天有6000多名学生上课，夜间部有2000多名学生。怎么一边上课一边做工程，牵涉到如何分期调度教学空间，牵涉到经费，也牵涉到学校未来发展的中长期计划。校园总体规划预计就地整建15年，分三期，每个阶段大约五年。记得我在董事会报告这是一个15年规划的时候，每个人脸上的表情都很困惑。大概是15年的时间太漫长，不知自己用不用得到。

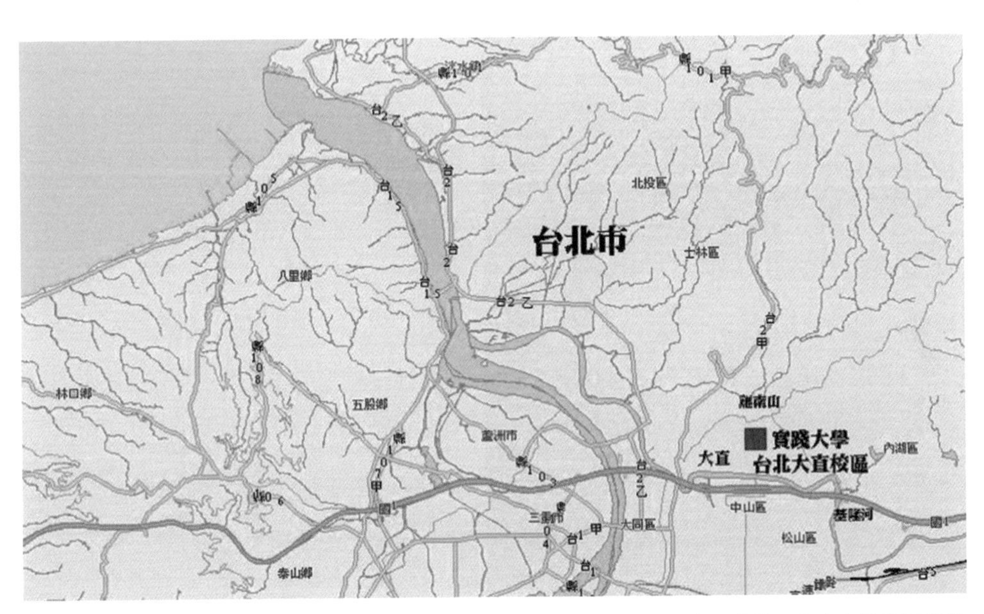

实践大学位于台北市基隆河北边

基地概况

实践大学，位于台北市，南临基隆河，北靠基南山。校园占地 4.5 公顷。

面临的课题

实践大学创校时为女校，名实践家专，后转型为实践设计管理学院，并开始招收男生，1997 年改制为大学，设管理学院、设计学院、民生学院。

这次实践大学校园整体规划设计要解决的主要问题包括：

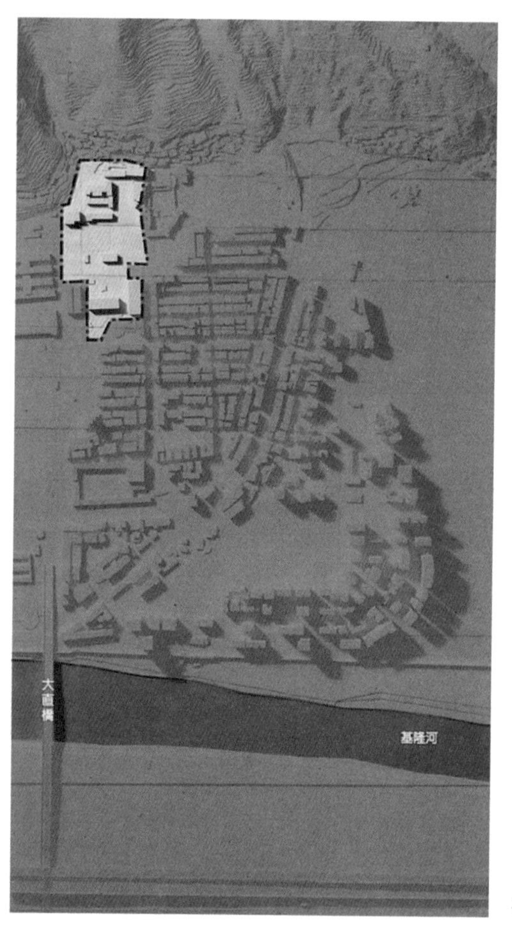

实践大学校园基地图

（1）校舍空间不足，建筑形式相融度低。

（2）开放空间使用效率低。

（3）人车动线系统交杂。

（4）欠缺校园意象。

面对这些问题，我们在初期花了些时间跟学校沟通，针对实践大学未来的发展与校园行为模式，商讨怎么运用现有建筑、拆掉不适用的并再增建几栋，怎么将零碎的开放空间整合成适当的尺度和形式，怎么整顿交通动线，以及在这些建设中如何创造校园意象，让校园的氛围能给人留下印象。比如说，我第一次到北京是冬天，从机场到中央美术学院，高速公路两边高壮绵延的树丛在冷风中茂密凛然，于是我对北京的感觉就是灰色、壮茂与凛然。规划时要替园区定下一个适合的基调，这样才能让人对这个学校留下（品牌）印象。

在校方的协助下，我们先请各院系拟出各自的中长期发展计划，然后举办全校的公听会，向大家说明当下校园的问题与改建的必要性，并请所有师生对校园规划发表意见，共同确认校园的中长期发展目标，同时也让大家了解校园规划的限制，从而有所取舍。

条件与限制

首先要厘清校园建设可能碰到的所有建筑法规，例如建筑技术规则、都市计划、细部计划、上位计划等，之后再综合考虑学校的未来中长期发展计划、偿债能力、借贷等限制条件，将这些作为规划的基础准则。

所谓上位计划，通常是政府制定的城乡发展计划。实践大学北边有个社区叫天母，早年曾是国际人士密集的地方。台北市政府曾有兴建一条快速道路的计划，从台北机场直达天母社区，以纾解交通。这条尚未兴建的道路，计划经过实践大学西侧墙外。校园属于安宁社区，若紧邻一条高架快速道路，加上附近上下公路的环状闸道，肯定会对环境质量造成冲击。于是我们到市政府去沟通。市政府说，这条道路一定要建，不会取消也不能改道，但不用担心，因为一直都没有经费，所以没法建。我们自问：万一有经费了，必须建，怎么办？因此，在规划时，便策略性地把校园中功能上不怕噪音扰动的建筑物（如体育馆）配置在紧邻快速道路的校园边缘。

校园动线及停车问题

学生中有许多骑摩托车，且大多停在校外。当时，校外邻近的巷内是学生摩托车停放最密集的地区（图上白色杠的地方）。放学时，会同时有几百辆摩托车一起发动，噪音和废气造成学校跟邻里的关系十分紧张。当时，所有的汽车、摩托车，包括垃圾车，都从学校大门长驱直入，人车没有分道，总是险象环生。

此外，学校因附设幼儿园（教职员福利），校内还停有箱型娃娃车。而且当时校门旁还有脚踏车停车棚、垃圾桶暂放处，等等。校园内部交通动线不多，但功能十分杂乱。下图中校内的白色横杠都是可以停车的地方，停放的大部分是教职员的交通工具。

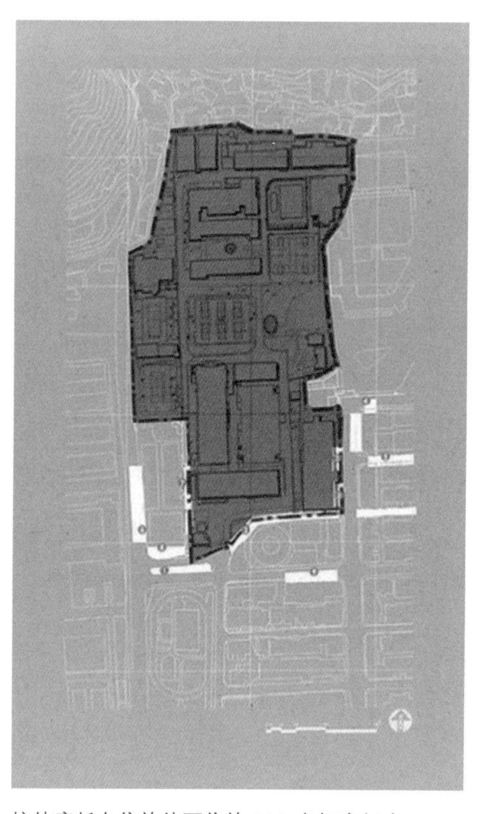

校外摩托车停放处可停放 200 多辆摩托车

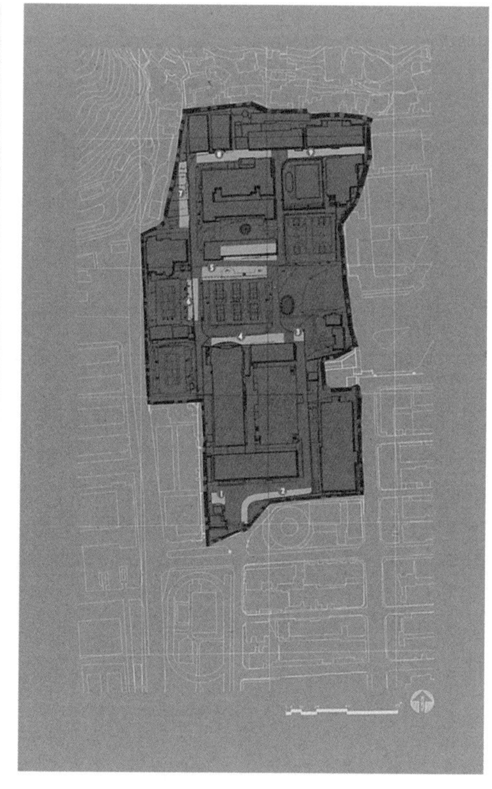

校内停车场地分布图

因此，我们在规划中建议学校禁止车辆进入校园（救护车、救火车除外），让校园人车分道，并在新建校舍地下室设置停车场。停车场除容纳师生的交通工具外，还可优惠出租停车位给附近居民，学校多了收入又可敦亲睦邻。事实证明，当第一栋新校舍盖好后，车辆都停进地下室，停车的压力立刻得到疏解，校园内不再人车争道，管理单位也有了信心。随着新大楼陆续兴建，地下停车场的容量持续扩充，也有了多余的车位对外出租，最重要的是，我们有了步行路权完整的校园。

排水问题

台湾夏天常有暴雨，雨量大时校园就一定淹水，特别是校门口跟建筑系办公室旁。查访发现，紧邻校园的后山上逐年增加的违建造成植被减少，无法被土地、植栽吸收的大量雨水便冲刷泥沙下山，将山下截水沟塞满后便冲进校园。校内的排水沟原本有60厘米深，但淤积在其中的泥沙减少了水沟的容量。

学校首先清除了沟中的淤积物，同时函请市政府管治后山违建。怎料市政府还没执行，就来了场大台风，泥石流将山上部分违建连房带车、冰箱、家用杂物都冲下山来。其他的违建户目睹了灾难，都自动迅速迁离。之后，市政府清理了截水沟，并在山坡上种了树，景观改善了，淹水问题也解决了。

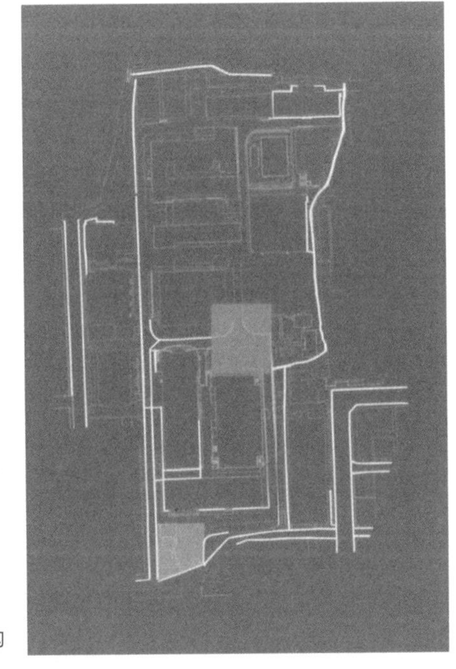

校园排水系统图，白色线条是排水沟

开放空间问题

规划前，校内的开放空间十分零碎，大多未曾考虑合适的使用尺度、设施与维护方式。因此，校园里欠缺良好的户外空间供师生滞留。

校园正中央有个多功能球场，就是在同一块水泥地上，用不同颜色重叠画出了排球、羽毛球等不同运动的场地。西北角有个半开放的垃圾集中场，沿路有简陋的垃圾桶，布告栏后是堆满资源回收物的死角，变电箱裸露在路边，餐饮管理学系厨房的排烟机塞在两栋建筑物间的一个缝隙中……东边有一个被称为乌兰草坪却没有草的空地，边上带着一个没有办法坐下来亲近的日式造景小池塘。在一个户外活动空间相对狭小的都市校园中，开放空间因零碎分散而难以维护，功能性极低，非常可惜。

校园东边还有一个漂亮的小庭院和两栋荒废已久的小宅邸，一栋中式一栋西式，是实践家专年代为实习课程所设的实习家庭建筑。实习家庭建筑的南边有座很有价值的石板屋，是早年附近的部落送给学校的礼物。据说当时部落的人带着材料来学校搭造他们传统的屋舍，并请来了巫师作法祝福保佑。像这类有文化历史意义的建筑，规划时会尽量保持原状，供人怀想。

计划内容

一、功能空间区划

校园是南北向长方形。规划方案将教学单位配置在南北两端，中段则是行政单位及全校共享的空间，包括体育馆、学生活动中心、图书馆等。而体育馆、学生活动中心因受未来计划道路的噪音影响最低，规划在校园中段最西侧。

实践大学台北校区设管理、设计、民生三个学院。民生学院（含音乐系、食品营养学系等）规划在北区，以方便就近使用待整修的老音乐厅、中央厨房。南边是设计与管理学院。另计划新建一座容纳建筑、工业设计、媒体传达三个系的设计学院大楼，并以空桥连接东侧有五十年历史的服装系老楼。

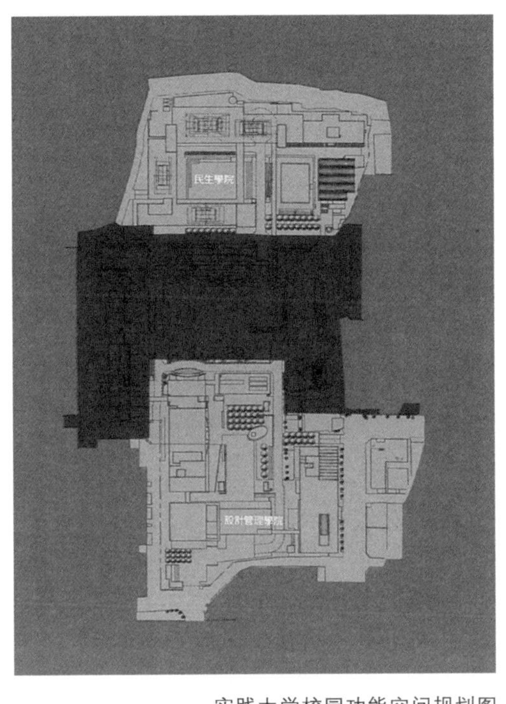

实践大学校园功能空间规划图

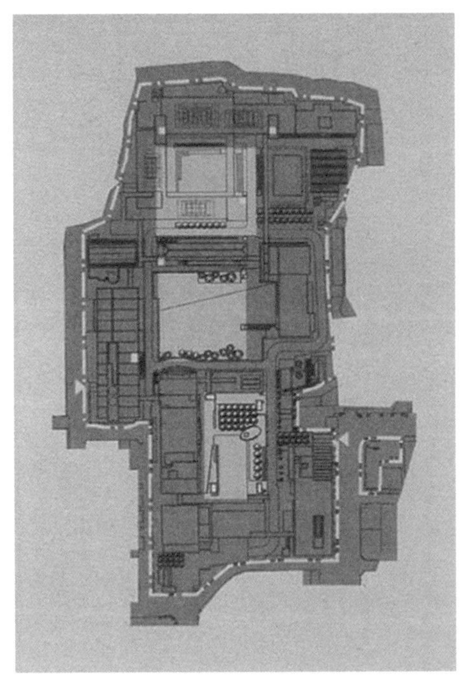
内院、中庭的开放空间规划图

该规划尽量把新建筑物都推向校园边缘，将本来散置各处的小开放空间整合到中间，形成被新旧建筑围绕的中庭、草坪、广场等，并使其在尺度上适合学生活动，再以动线串联相互错开的开放空间，给游走于校园之中的人创造柳暗花明的空间感。

二、动线计划

由于校园面积不大且气候多雨，我们在规划中建议用空桥廊道把学校的建筑全串联起来，如此可以降低垂直动线（电梯）的负荷量，也让师生在换栋上课时不受气候的影响。一开始，学校不太能接受架空桥的经费。盖设计大楼时，姚仁喜建筑师协助游说校方同意尝试把设计学院大楼、服装系老楼、行政大楼连上，结果效果极好。后续空桥方案的实施就顺利多了。

校园明确禁止车辆进入后，每栋新建筑地下室均需附设停车场（车辆由校园边缘进出），并根据分期工程陆续串联接通，还要设置直通其上方建筑的垂直动线（楼梯、电梯）。校园内仍规划了与步道齐平的紧急车道动线，供救护车、救火车、礼宾车必要时使用。

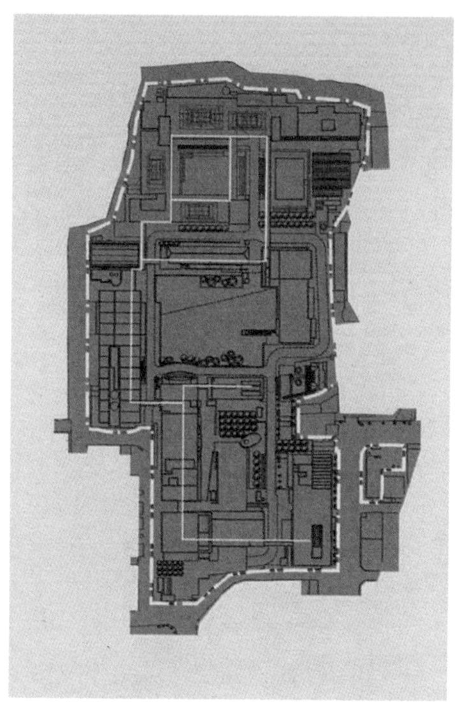

空桥廊道串连动线图

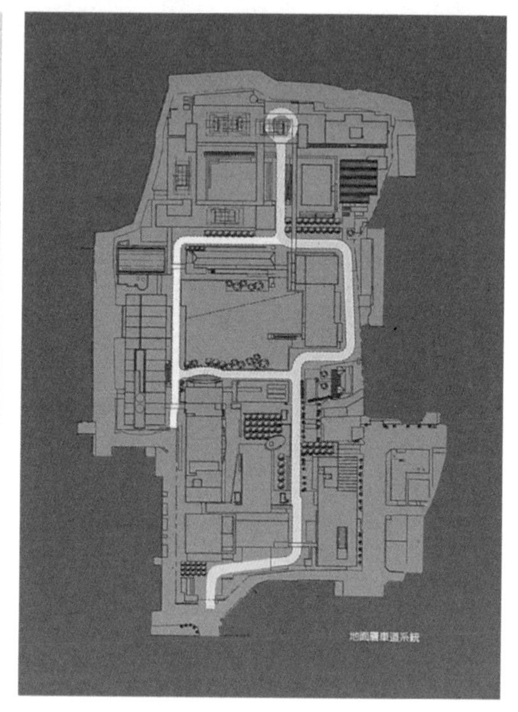

救护车、救火车和礼宾车车道规划图

三、阶段性计划

最后，依据当时学校的体制、规模、财力、空间调度能力等实际条件，结合规划方案的内容，实践大学校园总体整建工程被理性地分为三期，预计十五年完成。

长期就地整建工程必定会干扰当时的使用者，因此，我们希望第一期完工后，立刻让使用者感受到鼓舞，并对后面的改变产生期待。当时，我们建议学校第一期先盖多功能体育馆，并在二楼设置一个可让乐团演奏的半户外平台，体育馆外的斜坡草坪便是最好的观众席。

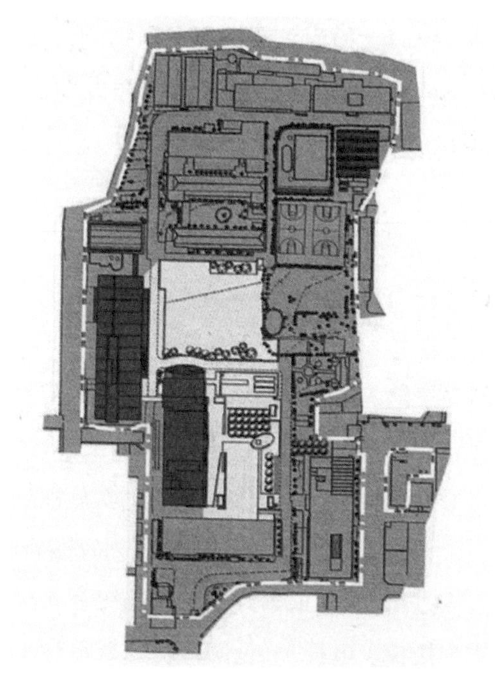

实践大学校园翻新第一期规划图

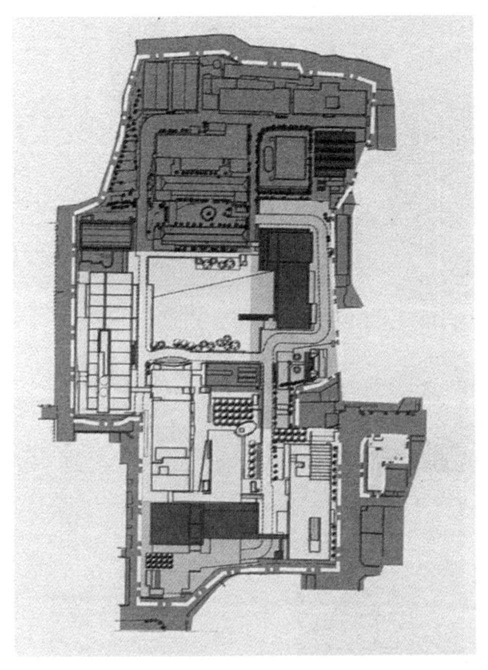

实践大学校园翻新第二期规划图

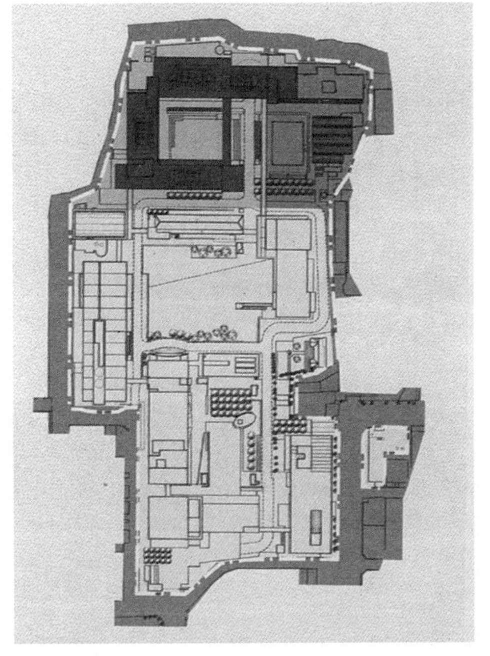

实践大学校园翻新第三期规划图

届时，师生可立即感受到校园更新后的活力。第二期兴建南边的设计学院大楼与中段的图书馆。第三期则兴建北边的民生学院院落大楼。每一期的工地平台、工程动线与周边交通均经沙盘推演后，一并列入计划。

校园意象

为了校园意象的完整性，我们在规划中为新建校舍及校园空间制定了许多细节规范。

关于建筑外墙材料，计划中规定：凡校内建筑外墙不贴瓷砖，经费足就做清水混凝土，经费低可用洗石子、斩石子等外墙工法（新建的设计学院大楼外墙就是一至三楼用清水混凝土，四楼以上都用斩石子）。

在空间尺度方面，旧校园是有围墙和晚上关闭的大门的。大学法修订后，明令各校园开放空间均需开放给社区民众使用，外围墙至少要有 70% 的穿透率。于是，我们在规划书中提出，未来以配置在校园边缘的建筑体为校界，不再另设围墙。每栋新大楼都要设置可进入校园、挑高三层楼以上的入口，以在提供主要

中央草地开放空间效果图

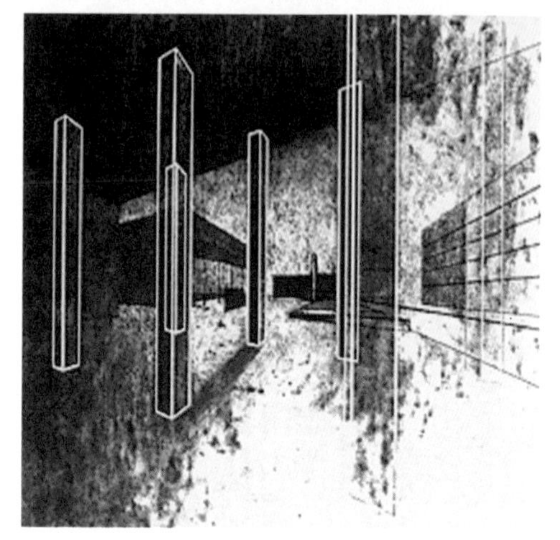

入口尺度挑高计划效果图

设计学院大楼（南向大门）改建前后对照

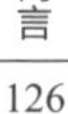

进出口的同时拉大空间气度。

关于植栽，校园原有些树种不一、参差不齐的植物，谈不上景观，也无遮阴功能。在规划完成后一年，学校十分幸运地获赠来自台北医学院的五十棵老枫树，我们赶紧依规划将它们小心配置栽种。秋天枫树叶子转红掉落，春天又长出来，师生可以感受到四季变化与时光流转。现在，校园已枫树成片，有些树下还放了桌椅供师生驻足纳凉。

我们在规划中还制定了未来校园建设、工程施工等各类相关规范，作为长远发展的参考资料。例如，各类建设的功能要先进、空间使用要有弹性、建筑形式要低调、建筑材料应朴实耐用、公共设施要易于维护保养……另外，还有植栽建议、照明规范等。

我认为，学校是一个教与学的平台。校园以及其中的建筑物都只是教育的舞台和背景，最重要、最精彩的是舞台上来来去去的学生和老师。

问答部分

Q：您接受的是建筑学训练，之后在做规划。规划的思维跟建筑还是不一样的。您接手规划的时候了解了财务状况，这是非常典型的规划思维。这些能力你是从哪里学到的？还是在实践中慢慢了解的？

安郁茜：做规划的人通常要有建筑训练的背景。我大学和研究生都是念建筑的。硕士毕业后进入了费城一家有一百多位建筑师的事务所工作。刚去事务所，他们就让我做一个大型项目的可行性分析 (Feasibility Study)，我这个外国人就拼命查字典，读完所有资料与数据，勉强交差。之后，我参与了该案前期的规划工作以及其中两栋建筑的设计工作（这个制药园区项目要同时盖十二栋楼）。没有多久，手上这两栋建筑的设计发展刚完毕，施工图还没开始画，我就被调派去给另一个全新的案子做可行性分析。为了避免一直画不到施工图(据说画施工图是锻炼建筑师很重要的阶段)，我辞职换了建筑师事务所。结果，新公司还是常派给我可行性分析与整体规划的工作。我对规划的认识大概就是这么训练出来的。

其实，当年实践大学请我执行校园规划时，原本想专心教书的我是十分勉强的。从接下任务到离开学校的 14 年间，虽然教学之外额外花了许多时间和精力在规划案的实施上，但随着工程一步步完成，身处焕然一新的空间中工作，也的确感到愉悦。

教书以后渐渐明白，在人类这一百年内设计出的教育系统中，任何一个科系（包括建筑）的学习都只能算是透过专业训练，教导我们了解一部分宇宙与人世的道理，并不表示我们非要刻板地跟着专业中的前人做一样的事。我虽然是建筑系出来的，可以做建筑，但已经不执着于非得只走那一条路。

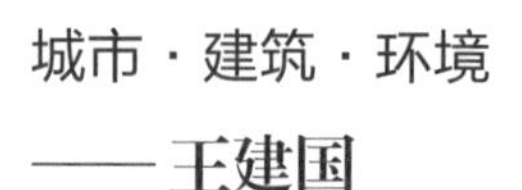

城市 · 建筑 · 环境
——王建国

王建国

博士，东南大学教授，中国工程院院士。现任中国建筑学会副理事长，中国城市规划学会副理事长，住建部城市设计专家委员会副主任，《建筑学研究前沿》(*Frontiers of Architectural Research*) 主编等。

建筑和城市设计的关联和互动是我长期关注的问题。我的教学研究和工程实践也一直围绕这个命题来展开。关于城市的各种说法中，将其视为一种有机体是比较主流的观点。我曾经在一篇文章中将城市比作一棵树。城市里大的空间形态结构和树是一样的，道路系统和基础设施是茎干，建筑就是这棵大树最小尺度的组成单元——树叶，它们借由缜密的组织系统将类似有机体的城市结构支撑起来。

北京的城市形态演变经历了辽南京、金中都、元大都到明清北京城的变迁。城市一直在演进，在城市的尺度下观察，建筑显得并不太重要，主要显现出来的，是城市的骨架系统，也就是城市空间形态结构。从对城市的航拍片到具体建筑的逐级观察，体现的就是不同尺度下对城市环境的关注。

我曾对江苏常熟的城市形态发展做过一段时间的研究。常熟在唐代开始建城并慢慢发展起来，城市的空间组织和系统结构是在发展中逐渐稳定的。唐武德九年，常熟从长江边的福山迁址于虞山东麓缓坡区，这里地势高爽并具有据高扼守的军事防卫优势。而后，居民利用自然水系作为城壕、开筑琴川运河、修建城墙，“腾山而城”并逐渐形成“七溪流水皆通海，十里青山半入城”的城市格局。这是一个自下而上、因地制宜的城市发展典范。

此外，也有另一种观点，如丹下健三等认为，城市是高度缜密和理性建构的空间结构体，应该有自上而下的形态预设和规划。这种观点使人们很容易从理性上认知空间结构。

我们若在高点看城市，比较容易把城市的组织建构，包括各种地标物之间的关系看清楚。比如，云南大理通过水平方向上的城市延展和垂直方向上的塔、钟楼等空间标志物的建造，形成了主要的城市空间形态肌理。意大利古城圣吉米格里阿诺的建造有很多过去用于家族防御的高塔，最多时有 70 多座，现在还保留了 15 座。在塔上俯览城市，可以看到城市的空间结构与建筑的形态有着整体上的关系。在西班牙保存完好的古城托莱多，可以比较完整和清晰地看到前工业时

(a) 唐武德—元至正的形态变化

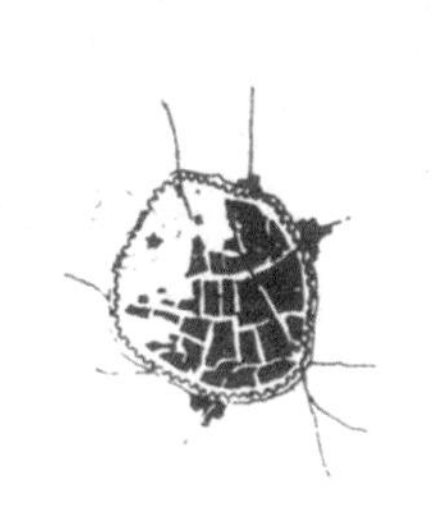
(b) 元至正—明万历的形态变化

(c) 明—清末的形态变化

(d) 清末—20 世纪 60 年代的形态变化

(c) 20 世纪 60 年代—70 年代的形态变化

(f) 20 世纪 80 年代以来的形态变化

江苏省常熟市城市形态的演变，王建国绘

云南大理，王建国摄

圣吉米格里阿诺，王建国摄

托莱多，王建国摄

纽约，王建国摄

代的一些特征：作为地标的教堂高耸，其他建筑顺应城市整体的肌理发展。高层建筑作为现代城市的图腾，在纽约、芝加哥及很多城市都可以看到。在纽约洛克菲勒大厦拍摄帝国大厦，可以看到高层建筑与周边城市肌理的关系。

对于城市、建筑、环境的关系，我们有这样的认知：建筑是相对局部的东西，它是不会独立存在的，而一定会存在于特定的城市环境中。比如我们俯瞰纽约中央公园，或者观察南京的紫金山、玄武湖和城市建筑，都可以感受到城市和自然的关系。今天我们讨论的城市、建筑与环境，是不可分割的整体。

在人们的印象中，城市环境通常是由很多建筑物聚集而成的，这是最直观的感受。古代的城墙将城市和乡村划分得很清楚：一边是城，一边是乡。在埃菲尔

纽约中央公园，王建国摄

铁塔上拍的巴黎和哈尔滨城郊农村的景色有着非常鲜明的不同。所以，很多人认为建筑的集聚是城市的基本特征。

但是，城市的概念不仅是物质空间的堆积，城市中的生活和场所的营造也非常重要，它们不仅是城市设计关注的内容，而且关系到建筑的设计。例如，在许多地方，我们今天依然能够看到与自然唇齿相依、和谐共生的城乡环境，感知到历史发展的年轮、梯度和人文积淀。不过，大城市的情况就不那么乐观了。在快速城市化的进程中，大城市的肌理的异质性在不断加强。肌理的断裂破碎可能是大家今天最关心的问题之一，政府和各类媒体所关注的城乡问题都与其密切相关。荷兰代尔夫特理工大学教授楚尼斯曾经说，如果每一幢建筑都具有比较高的

巴黎城市景色，王建国摄

哈尔滨城郊景色，王建国摄

质量，且每一个开发项目都是好项目，那么城市品质就不会有太大的问题。然而，几十年来的经验和事实足以证明这并没有发生，自由市场“看不见的手”造成了相反的情况。

关于建筑，有如下几种观点可以讨论：

第一，作为城市肌理的美学要素，建筑是唯美或唯艺术至上的。

第二，建筑也可以被看成是城市机体的组成部分，是城市的组成部件。

第三，建筑会承载某种文化、历史和生活的信息和含义，是一种载体。

第四，建筑也是一种形态地标，可以表达城市的某些核心竞争力，有助于城市名片的打造。

我想强调两个词：Urban Design 和 Civic Design。Civic Design 过去被翻译为市政设计或者城市设计。20 世纪初出版的著作《市政设计》是美国建筑师的一本设计手册，全面介绍了街道广场设计、视线控制等一系列城市形态设计的相关内容。直到 1956 年，在哈佛大学举行的第一次关于城市设计的会议上，与会专家觉得应该用 Urban Design 取代 Civic Design。这是因为 Urban Design 这个词更能体现出对城市的社会性等与人相关的属性的关注，而 Civic Design 比较注重形式美学方面的内容，两者有比较大的区别。

我们可以看到，意大利威尼斯的钟塔、澳大利亚堪培拉和美国华盛顿的纪念碑以及林肯纪念堂等，都是构成城市美学空间结构的要素，形成了宏大叙事的地标表达。但大多数建筑只是城市整体结构的组成部分，只是一个部件。我们这里说的建筑作为部件，并不仅是指机器化的现代城市，即使在原始聚落里，这种情况依然存在。比如，从意大利城市卢卡的航拍片中可以发现，除了教堂，这里的建筑大概没有一栋是突显出来的。

城市美就美在它并不强调个体建筑，而是关注城市和环境的价值，这也是我今天特别想要表达的理念。我们看纽约花旗银行的总部大楼，先不谈建筑的造型，请大家注意这栋楼的支柱层与地铁车站和旁边教堂之间的关系，可以感受到这栋建筑有很强的城市属性和环境意义，真正融入了城市。现代城市非常复杂，城市环境具有多重性、活动性、功能性、文化性等特点，因此，建筑可以被看成是城市缜密机体的组成部分。

威尼斯圣马可广场，王建国摄

华盛顿林肯纪念堂，王建国摄

卢卡城市航拍片

建筑也是历史传承的载体。日本建筑师安藤忠雄在威尼斯做了一个博物馆的改造项目。从住吉的长屋开始，他大部分的创作都比较强调自己的设计语言，但是在威尼斯这样一个特定的场合，他设计得非常内敛，只在室内设计中可以看出他个人的一些特点，这体现出了他对历史环境的尊重。

大家很熟悉贝聿铭设计的巴黎卢浮宫扩建部分，很显然建筑师并不想突显建筑本身的造型。当时，由于地段比较敏感，贝聿铭先搭了个空架子在场地上，让人们知道运用全玻璃幕墙建成的建筑的大体效果，直到大家都比较认同后才进行

纽约花旗银行总部大楼

支柱层空间

下沉广场

正式建设，很好地解决了卢浮宫原本不太合理的博物馆流线。又比如贝聿铭设计的苏州博物馆新馆，在建筑尺度和造型上表达了对历史环境的关注。中央美术学院何崴老师设计的西河粮油博物馆及村民活动中心，则是表达了对乡村草根阶层的关注。

再说地标建筑，前面提到的国会大厦是非常典型的地标。我认为地标并不在于体量的高与大，比如悉尼歌剧院，在特定的环境中，它就是悉尼乃至澳大利亚的象征。再比如南京的紫峰大厦，高度 450 米，虽然不是全国最高，但在南京这样并不是特别大的城市中还是很有影响力的。建筑的影响力并不取决于其大一点还是小一点，而是由其高度、体量、位置对城市环境产生的影响所决定的。

城市设计，是通过对社会的空间形态、生活形态、文化形态等的安排，给建筑设计先拟定大致的创作框架和规则，但并不影响建筑师设计的原创性，比如在街道退界、体量、高度、形式、色彩、材质等方面的处理。建筑设计再往上一个

巴黎卢浮宫，王建国摄

苏州博物馆，王建国摄

层面，就是城市设计。如果一个项目在某个特定地段上，或者业主能够完全掌控局面，那么建筑师是有可能进行城市设计的。建筑师由于所受的形态训练比较多，在特定地段层面上，可以将城市和建筑一起考虑，这种情况现在越来越多。因此，当代建筑已不再是孤立的设计，而是与环境、人的行为互动的产物。建筑设计必须综合考虑环境文脉和各种社会因素，这是我非常看重的观点。

理查德·迈耶在德国乌姆大教堂广场设计的城市大厅，白色派的风格十分显著，但是其屋顶天窗的设计无论是在尺度上，还是建筑高度上，都和周围民居有着某种联系，这说明建筑师在进行设计时，从城市环境中得到了启示。

北京的国家大剧院，内部空间设计和音响效果都是很不错的，但从城市设计角度而言，其建筑形象与北京旧城肌理之间的关系在国内外学界一直有很大的争议。我认为这不是建筑本身的问题，而是城市设计的问题。

我在《城市设计》一书里做了这样的总结：第一，城市设计和建筑设计在空间形态上具有连续性，两者是分不开的。第二，城市设计和建筑设计都关注实体、空间以及它们之间的关系，两者的工作对象和范围在城市建设活动中呈现出整体上的连续性。第三，建筑立面是建筑的外壳和表皮，但又是城市空间的“内壁”，建筑空间与城市空间互相交融，内与外是相对的。这一观点早在文丘里 1966 年出版的《建筑的矛盾性与复杂性》一书中就被提到过。

我认为，同学们在做设计时，可以重点关注以下几个方面的内容：

第一，建筑设计的总图中要体现出环境和整体设计的概念。通常，同学们可能会更多地关注建筑本体，其实，掌握好建筑和周围环境的联系有助于激发大家的构思，引出更好的想法。

北京国家大剧院，王建国摄

第二，建筑功能配置中的内外综合和协调观念，也就是建筑功能的复合性。比如，巴黎街道上有很多咖啡馆，功能空间很难分出绝对的内和外。所以，在比较关注建筑公共性的欧美国家，建筑的内外不是那么明确。

第三，建筑设计构思的文脉场所意识。

第四，形式美学依然是非常重要的，在处理建筑造型时，要在空间形态上进行整体考虑，要有建筑体型、空间组合、立面比例、尺度处理的整体意识。

今天演讲的第二部分是一些实践项目，和刚才阐述的概念类似，大致分为几种类型：第一类是体现建筑作为城市发展引领者的项目，这里的建筑是广义上的，也包括城市设计；第二类是体现建筑作为空间美学要素的；第三类是体现建筑作为城市整体机能的一部分的；最后是体现城市和建筑作为社会和文化载体的项目。

上海世界博览会规划设计方案

2004 年，我们参加了上海世界博览会规划设计的公开国际竞赛，100 多家设计单位报名，最终有 10 家进入最后的竞赛，东南大学建筑学院荣幸入选。世博会选址位于南浦大桥和卢浦大桥之间，约 6.69 平方公里，场地里有江南造船厂、沪东造船厂等企业，设计面临着很多问题。考虑到是上海世界博览会的规划方案，我们希望能对这些问题做出一个中国式解答，于是从传统文化出发思考竞赛方案的策略。我们想到自然山水可以体现物种的多样性，所以希望在人工建设和师法自然之间寻找关联，做出一些地景概念的东西，以此来表达今后的上海应该是平和而融入自然的，展现城市从 20 世纪跨越到 21 世纪的新形象。

我们为这一概念找到了一些依据，比如针对纽约宾夕法尼亚东站地区举办的新千年概念性城市设计竞赛。这个竞赛不是为了获得一个可实施方案，而是为了探讨未来的城市会是什么样子。在竞赛中，埃森曼等建筑师的提案打破了现代城市的形态，街区的概念消失了，整个城市具有了连绵的体量感。我们认为，上海

上海世界博览会规划设计鸟瞰效果图

世界博览会的展馆建筑会有对宏大空间的诉求，因此设计了一个可容纳中国馆和地区馆的大型地景建筑。

我们提交的方案是和当时美国耶鲁大学的 Robert Stern 教授等人合作设计的，在功能和技术上做了比较细致的考虑，比如按实际人流量计算的疏散通道宽度、地景建筑网壳表皮构造的设计、对通风与遮阳问题的分析等等。

最终，我们在竞赛中排名第四，竞赛方案后来参加 2004 年英国 Architectural Review Cityscape Award 时获得了“总体规划奖”和“建筑综合利用奖”两个奖项。

上海世界博览会总平面图

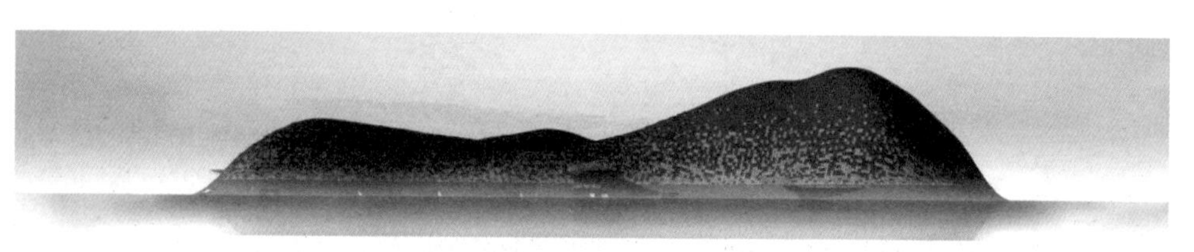

沿江立面图

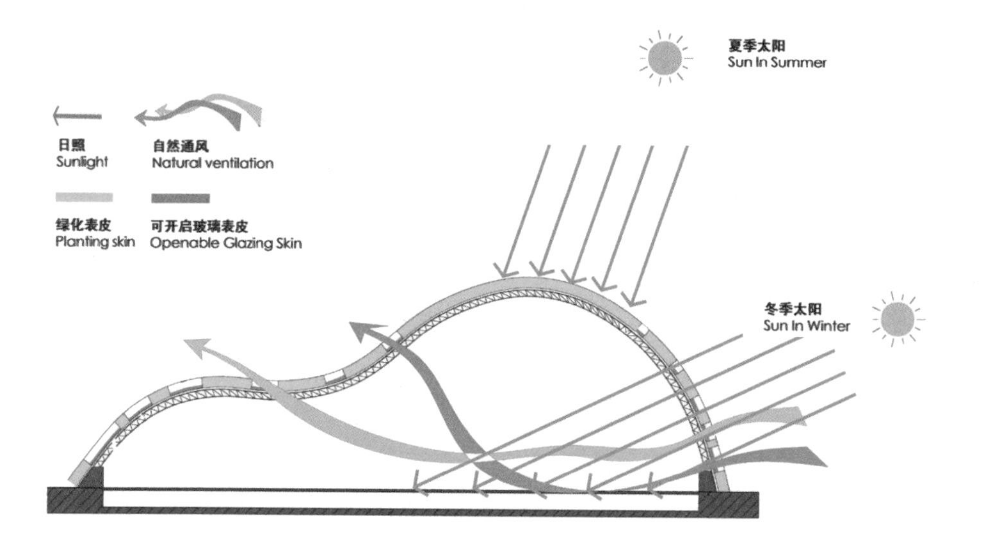

上海世界博览会自然通风与遮阳集热分析图

四川绵竹市广济镇灾后重建项目

2008 年汶川地震发生后，江苏省对绵竹市进行了援建，东南大学负责广济镇的灾后重建设计。当时，广济镇的建筑几乎被夷为平地，因此我们的设计工作包括总体规划、中心区的城市设计以及具体的建筑设计。与我们一起进行对口援建的单位是江苏省昆山市。昆山的同志在土地整理、过渡安置、施工组织、工程建设等方面花了很多力气。下图是最后完成的中心区设计总平面图（主要由张彤老师完成）。我们沿着水系布置公共空间和公共建筑，包括张彤老师设计的卫生院、邓浩老师设计的幼儿园、周颖老师设计的老年福利院、韩冬青老师设计的小

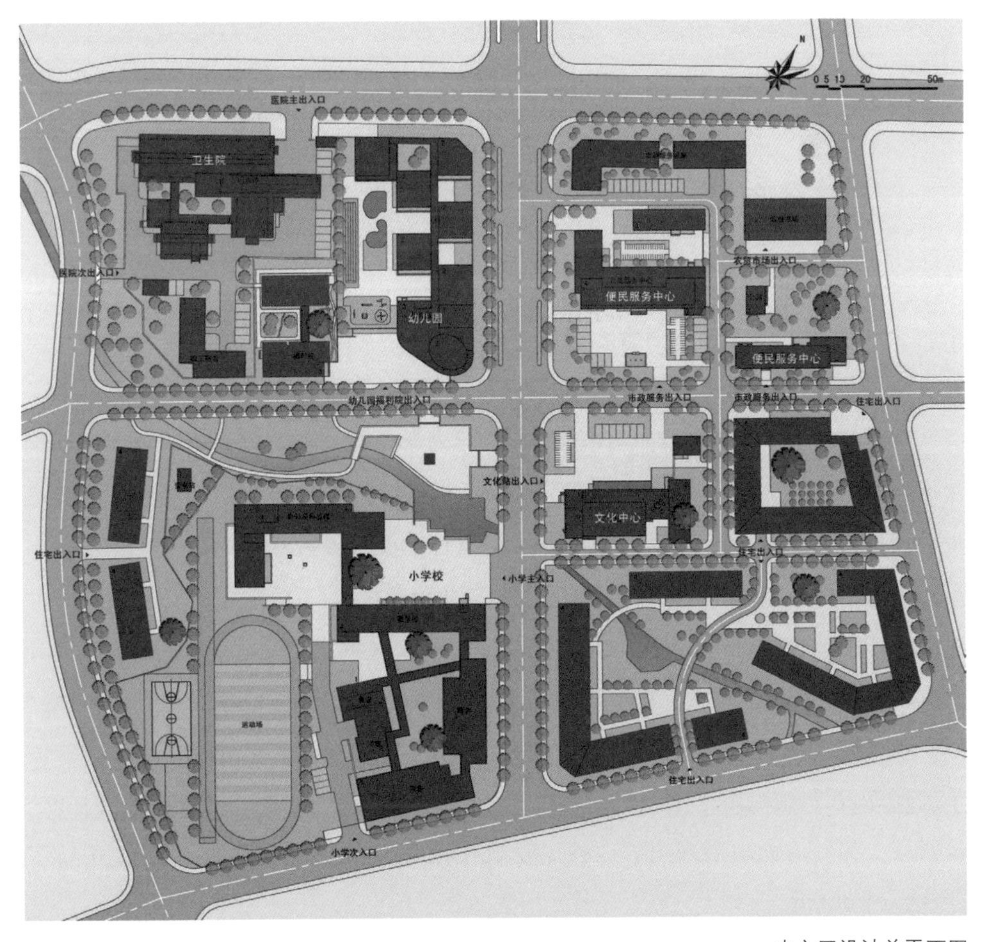

中心区设计总平面图

文化中心和便民服务中心

学、我和徐小东老师设计的文化中心和便民服务中心等，在城市设计的控制下进行具体的建筑设计。

文化中心和便民服务中心之间有个简单的城市设计关系。文化中心只有 932 平方米，功能空间大致有会堂、过厅、培训教室、院子，院子里有一棵地震后幸存下来的大树，此外还有单独的公共厕所。

入口的小广场开始设计得比较复杂，后来考虑到工期等因素就简化了。从照片中可以看到由片墙连接的主体部分和公共厕所、广场上有组织种植的树木，靠近建筑的一小块水池。这里面还是有城市设计的概念，虽然很小，但表达了对组群关系的概念。

关于南立面的处理，因为文化中心以后会有文艺演出，所以立面上开窗的设计有意制造出了一种节律感，水刷石的处理也是想表达出建筑与文化、与音乐的关联。

从文化中心看便民服务中心，两栋建筑有着呼应关系。它们都运用了比较简单的形态设计和组织关系，没有使用高大上的材料。这一方面是因为建造时间比较紧张，另一方面也展现出了一种比较质朴的表达方式，但我们在审美上进行了一些探讨和考虑。

文化中心北侧鸟瞰

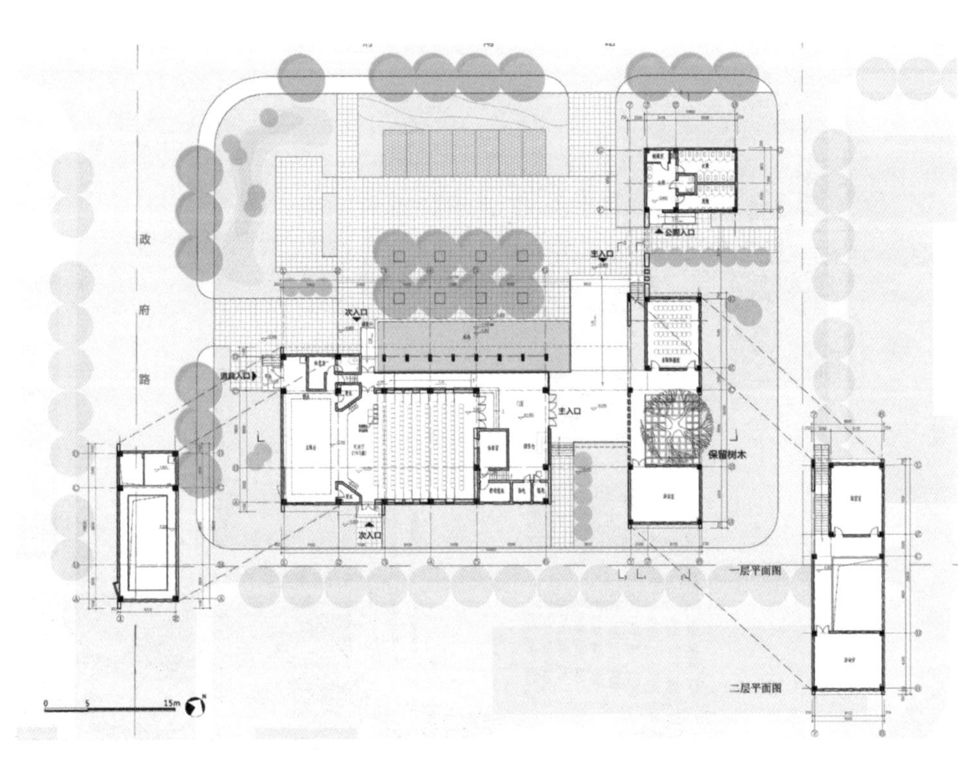

文化中心建筑平面图

文化中心南立面水刷石表面细部

从文化中心东侧看便民服务中心

南京7316厂地块（仪凤广场）规划设计

这是南京一个工业厂房的改造项目，它的地理位置非常特殊，南京的护城河和城墙都经过这里，仪凤门就在旁边，离南京长江大桥也很近，周边还有下关电厂、民国的大马路，历史上这里曾经很繁荣。除此以外，基地的周边还有静海寺（签订《南京条约》的地方）、天妃宫、阅江楼、狮子山、绣球公园、老城墙及仪凤门等历史文化景观。该地块原来属于部队的7316厂，2006年南京市决定对其进行改造，并且保留了一栋质量尚可的厂房。

我们对设计方案进行了反复修改，不断在土地储备中心和规划局之间协调。由于项目的地段非常敏感，设计需要对建筑相对阅江楼的高度，以及与城墙和绣球公园之间的关系进行认真考虑。最后的建筑设计方案是在严格的城市设计要求下完成的。我们对场地也做了一些处理，通过一个椭圆形的广场来协调不同方向的轴线的关系。

具体的厂房改造设计对环境做出了回应，比如我们设计了屋顶花园，厂房顶

从狮子山鸟瞰场地

厂房改造后的照片

层局部做空，减轻了体量感，同时提供了一个可以与阅江楼产生关联的户外观景区，旁边还适当加建了一点空间。当时，我们选择了一些现代的建筑材料，像玻璃幕墙、U 玻、不锈钢板等，目的是想体现工业建筑轻、光、挺、薄的特点。遗憾的是房子建成不久就长租给了一家餐饮公司，因为对方有自己的品牌 logo，就完全把立面改掉了，所以说面对强大的市场力量，建筑师也很无奈。

东南大学九龙湖校区公共教学楼一期项目

东南大学的老校区在南京的老城区，靠近玄武湖、鸡鸣寺，北侧原来是国子监，东边是成贤街，历史上一直是文人雅士云集的地方。在全国高校建设突飞猛进的时期，东南大学在江宁拿了 3700 亩土地，建设了九龙湖新校区，其中公共教学楼一期项目由我负责设计，建筑面积 7 万平方米。

当时，校领导对新校区的建设提出了一个要求：希望能看到一点老校区建筑的影子，保留坡顶、多层、三段式等老校区建筑的特点。我的设计在教学楼设计

公共教学楼一期

庭院

细部

方案比选中胜出并最终得以实施。因为教育部对教学楼的使用面积有明确的要求，共享空间不太可能做得特别丰富，所以我希望能从细节上来调节建筑的尺度。具体措施包括通过三段式设计调节建筑的比例，对楼梯间、西立面、标志性塔楼进行局部处理，在建筑立面上用不同颜色来标识不同的庭院，在不影响功能的前提下使连廊部分有一些变化。

东晋历史文化博物馆暨江宁博物馆

南京市江宁区的中心过去叫东山镇，成语“东山再起”就出自于此，这里的历史文化与东晋关系密切。博物馆所在的“东山—竹山”空间轴线历史上一直是江宁的城市结构中枢，以前的县衙、如今的区政府出于风水的考虑都位于这条轴线上。博物馆的建筑场地原先是一个几近废弃的公园，北侧是外港河。最初，我建议建筑面积做到 3000 平方米左右，这样建筑形体比较容易控制一些，但后来因为业主要求的功能越来越多，最终定在了 7000 平方米。考虑到现场的环境，这样的体量相对来说就比较大了，设计的挑战性更大，我们当时做了三个不同的方案。

考虑到建筑体量不能太大，我们把大部分的建筑面积安排在了地下，地面以上的主体建筑尽可能向西南部后退，尽量压缩和消隐在场地地坪标高以上的部分。

博物馆北侧鸟瞰

我个人认为这样做较好地处理了建筑和周边环境的关系。另外，我们为了克服由于靠近外港河地下水位较高而产生的浮力作用，在技术上也采取了一些手段。

从场地标高图中可以看到该区域的地形还是比较复杂的，所以我们在设计中仔细考虑了场地与建筑、与住宅区、与地下停车场的标高关系。

我们在展厅之间设置了两个过渡性的空间，身处其中可以看到旁边的竹山，既减少了建筑对环境的压力，也可以缓解参观博物馆的过程中始终处于封闭空间而产生的“博物馆疲劳”，带给参观者一些新鲜感。

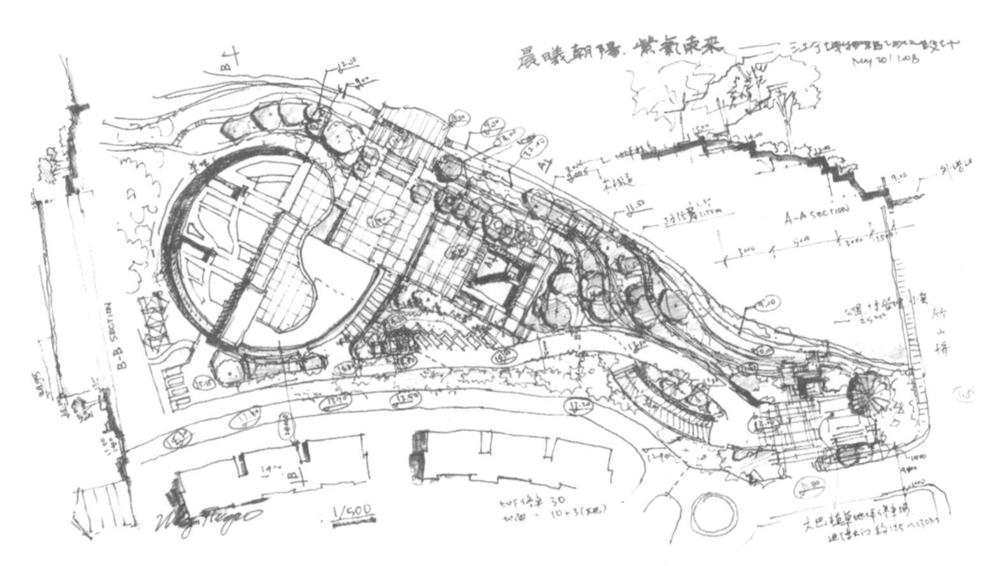

博物馆设计草图

从外港河看建筑　　连接展厅和报告厅的下沉式中庭

镇江北固山甘露寺佛祖舍利展示馆

镇江甘露寺是刘备招亲的地方，在 20 世纪 60 年代出土了几百颗舍利，其中有 11 颗是释迦牟尼佛顶骨舍利。这些舍利据考证是从南京的长干寺，即后来的大报恩寺分存过去的，目前收藏在镇江市博物馆，一直没有向公众展示。镇江市政府想把这些舍利在出土地原址展示，于是就有了舍利展示馆这个项目。该项目最早选址在甘露寺铁塔旁边的一块狭长空地上，但由于山体上的施工难度大，并且地下可能还有其他遗迹，就又重新进行了选址，最终决定将展示馆建在山脚下。这块地非常小，但展示馆有一定的面积要求，所以我们的方案尽量往地下做，地面上仅保留了一个门厅。

展示馆总体鸟瞰效果图

佛顶骨舍利大概是佛教文化中最高级别的圣物了，所以我们设计的建筑平面图是抽象的曼陀罗图案，建筑的高度、檐口的尺寸也都与佛教有一定的关系。因为舍利是在唐代出土的，所以我们希望建筑既具有一些唐风色彩，在环境处理和整体表达上又是现代的，同时还能体现出佛教的特色。

建筑屋面采用中间的钢结构筒来支撑，地面的围护结构自成体系，借鉴了唐代建筑出檐深远的特征。地下的展示空间有两层，下层存放舍利，安保要求比较高，上层通过技术手段投射舍利的图像，在有特殊需求时还可利用升降梯将舍利移动至上层展示。

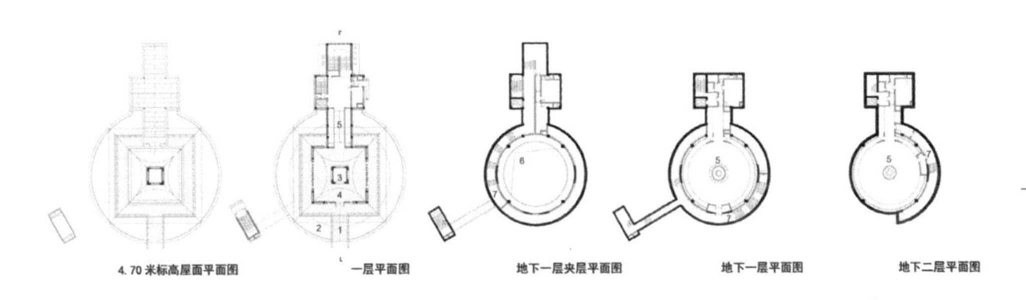

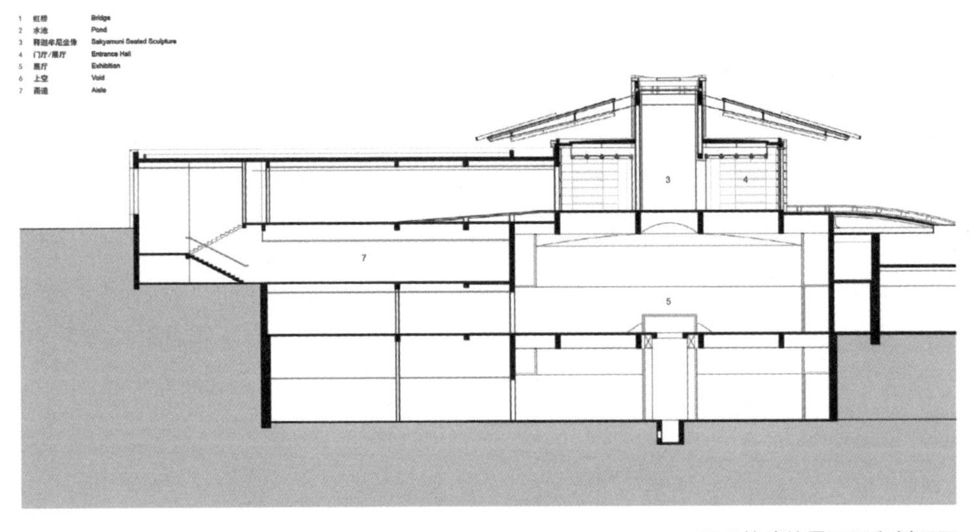

展示馆建筑平面图和剖面图

展示馆正立面效果图

浙江龙泉夏侯文艺术馆

浙江龙泉的青瓷非常有名，有一批国家级和省级的工艺美术大师。当地政府规划了一片大师园，给每个大师一块地，让他们建自己的艺术馆和住宅。我受委托设计了其中一个艺术馆。

龙泉的青瓷大致分为哥窑和弟窑两个系列，哥窑相对粗犷、颜色沉重，弟窑相对轻巧、剔透。我的业主夏侯文大师的作品把哥窑和弟窑的特点比较好地融合在了一起。我们希望在建筑设计中体现出大师作品的特点：阴阳结合，粗放与细致结合，深色和浅色结合等。最后，考虑到场地南北有高差的地形，我们把艺术馆设计成了两个 U 字形，并围合成了两个院子。

我们希望艺术馆的设计有江南的味道，但并不想做普通的仿古坡顶建筑，我们想在追求一些变化的同时体现出江南建筑的特色。为了体现夏侯文大师将哥窑、弟窑融合的作品的特点，我们将建筑主体处理成白色，在一些阴面和形体相间的部分运用了深色。

艺术馆的建筑场地上有一个小山包，主要庭院的位置安排考虑了和它的关系。我们在小山的对景处设计了会客室，有大片的落地玻璃，可以和山景形成一些呼应。

艺术馆鸟瞰

艺术馆主入口视景

艺术馆庭院

艺术馆会客室与山景

苏州市木渎镇藏书地区概念性规划设计

江苏省这些年比较重视小城镇的建设，建设厅组织了一批“综合规划建设示范镇”的项目。我被委托负责苏州市木渎镇藏书地区的城市设计。

藏书地区距离木渎古镇大约 8 公里，当地的羊肉、花木和刻石都比较有名。它的北边是灵岩山、天池山景区，南边是穹窿山。从木渎到光福的木光运河穿过该地区，去往苏州的老公路在北边，现在南边又加了一条省道。这个区域有一些老房子，但不多，过去在滨水有条步行街，现在已比较破旧，大路边盖了一些仿古的新建筑。

接触到这个项目后，我们对这一带乡镇的特点进行了分类研究。有些城镇保存得比较好，比如同里、周庄，像博物馆式地被保护了起来。另外有一些基本上已经找不到什么历史痕迹了，全都是新的。还有一类就像我们要设计的藏书项目这样，现存的建筑作为历史遗产没有太多的价值，过去的肌理还有，形态上能看得出乡镇完整的发展过程，我们称之为“非典型性水乡城镇”。

我们首先做的工作，就是搞清楚藏书地区的形态发展脉络。根据调研获得的信息，我们有了大致的判断，当地居民家中的一本镇志又验证了我们的推断，帮

藏书地区区位分析图

初步形成 依水而居　(1950s 以前)

善桥镇（藏书镇原名）形成于清代，最初沿香溪河（今木光运河）两岸发展。交通依托水运，临河建有埠头，河上有七座桥。解放前，小镇已形成了上塘街、下塘街，路宽仅 2 米。房屋沿河分布在上塘街、下塘街、查金浜、牛长廊。

填河修路 社区扩张 沿河出现最早的商业和服务设施　(1950s-1960s)

解放后，北部市镇公路逐步修建拓宽，小镇边界向北扩展。1958 年，小镇将查金浜填没，取名跃进路。同期利用田埂向北修路，取名新疆路，仅可同小机动车。小镇在居民扩张的同时，沿河边出现了初步的服务设施及商业。

沿河翻新 轻工业依水运发展　(1970s-1980s 中期)

1970 年代小镇建设步伐加快，北边缘沿街出现商业。沿河商业街由 2 米拓宽至 4 米，商业用房进行了全面的翻新。善人桥西征地新建粮食仓库、资料供应门市部、木器加工厂，厂房多为砖混、砖木中小体量建筑，工业岸线逐渐发展起来。

商业随公路转移 沿河衰败　(1980s 中期以前)

1985 年新疆路拓宽改造到 20 米，成为社区主街。医院、警务室等服务设施迁至新疆街旁。各商业用房的落成，使新疆街商业区形成规模。1990-2000 年代穹窿路、穹灵路进行修建和开发，羊肉美食街逐渐形成。

藏书地区空间形态发展分析图

助我们得出了结论。该地区的居民最早是逐水而居，水既是生活命脉，又是交通运输和农副产品集散的条件。镇上的建筑基本都沿着运河以 T 字形分布，并慢慢向外扩展。修建了苏州到光福的公路后，居住区便逐渐向北边迁移。因为滨水的老街需要与北侧的新路发生关系，所以又沿着田埂修建了一条南北方向的路——新疆路。1980 年以后，这条路被逐渐拓宽，电影院、银行等公共建筑也陆续搬至于此。目前，该路宽约 20 米，两旁的香樟树已经长得很大，形成了林荫大道。同时，藏书和众多乡镇一样，在 20 世纪 70、80 年代曾大力发展乡镇企业，在运河边兴建了一些工厂，但现在基本都已衰败。

当时，该地道路两侧有许多吃羊肉的违章小饭店，所以地方政府提出了整治西侧道路景观的要求。对甲方来说，改造这条路的立面是最现实的，但我们认为对整个地区的复兴来说，更重要的是做一些根本性的改变。我们建议当地政府从滨水的老街着手，因为这是镇区起源的地方。我们选择了和老街相关的两个节点，一是老街和新疆路的交叉口，这里有一座彙源桥；二是老街西侧善人桥的位置，桥北头有一栋镇上现存最古老的、有将近百年历史的住宅。我们想先将该地区最精华的部分复兴。

因为这个项目是江苏省住建厅委托的，希望有一定的示范效果，所以我们并没有一味地就设计而设计，而是归纳了同类型乡镇中可能出现的四个典型问题，希望对其他乡镇的规划有所帮助。第一是不同尺度的街道和新旧建筑风貌过渡节点的设计，第二是传统风貌滨水街道的设计，第三是代表传统的老街和代表发展的工业景观之间对峙节点的设计，第四是干线商业空间的设计。针对以上四个问题，我们分别提出了相应的设计策略。

最后，我们完成了重要节点的城市规划和重点建筑的设计方案。在步行街和新疆路的交叉口节点，我们将桥口的位置规划为整个镇的公共活动空间。我们在新疆路的尽头设置了进入传统街区的牌坊，并根据传统村落的特点以一棵大树作为人丁兴旺的标志。这处公共空间中还包括刻石博物馆、茶室、游客中心等，同时也给居民提供了晨练、跳广场舞、下棋等娱乐活动的场地。因为步行街是老街，而新疆路上都是新建筑，所以我们希望这个节点的新建建筑以现代建筑为主，但是带有一点传统的元素。

滨水步行街基本上还是保持了原来的风貌，局部做了一些改造。我们希望这条步行街上的一些地方能够向街道两边纵深挖掘一下，比如开个精品的羊肉餐饮店之类，在消费档次上、商业空间设计上有些不同的策划。我们还设计了以后来往木渎的水上游线开通后可能会用到的滨水空间。

善人桥的节点是这样考虑的，藏书镇据说是因西汉朱买臣偷偷在此地藏书起来看而得名的，但现在镇上却没有什么空间与这个文化有关系，所以我们建议在这个节点上建一栋藏书楼，改变藏书“有名无实”的状况。这个藏书楼比较特别，我们设想将它建在河上，处理为一种廊桥的形式，用的是善人桥原本的宽度，造型采用了藏书楼特有的六开间形制，但调整了比例尺度。此外，我们还将河南边几栋公家的破旧平房拆除，整理出了一块空地，在上面建了一栋小型的朱买臣纪念馆。衰败的工厂被改造为与读书、培训有关的乡镇设施，这样，这个节点的文化氛围就出来了。

我们在进行具体设计的时候，遵循几个原则：一是通过公共空间的组织，激发地区活力和改善民生，这也是住建厅在布置任务时特别强调的，一定要给普通

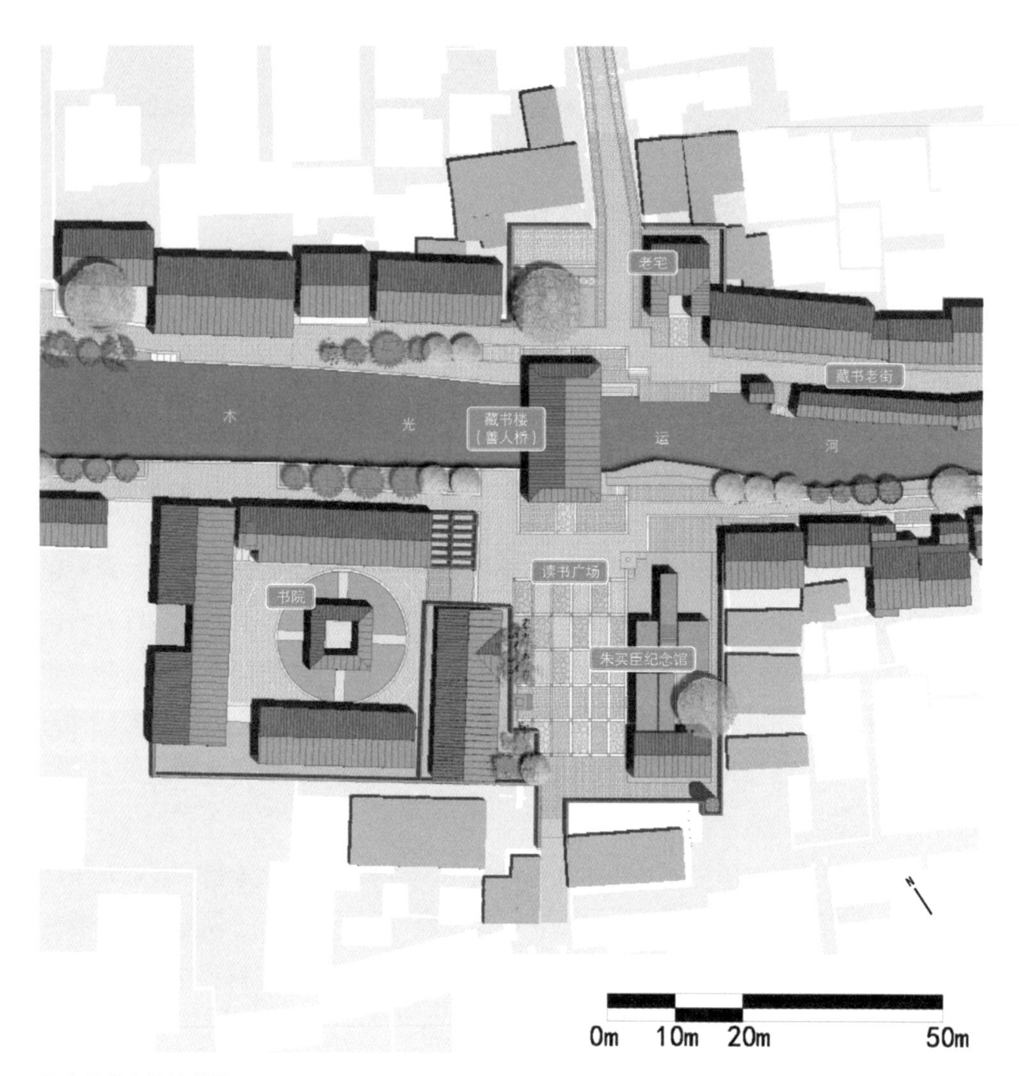

善人桥节点设计总平面图

老百姓提供活动的场所；二是通过增设公共设施，提升文化氛围；三是通过建筑形态上的延续，留住乡愁，即我刚才一再表达的，设计的是新建筑，但要让人感受到传统的影子；四是材料的选择和细节尽量融合创新与古意。

这个项目综合协调了规划管理部门的要求、地方的诉求、建筑师的追求，更加有意义的是它在寻求建筑规划项目中的典型意义和建筑师适度介入的办法。

今天我要向大家介绍的大致就是这些内容，还有一些正在实施的项目，等建成后再继续向大家报告，谢谢大家。

彙源桥节点设计鸟瞰图

藏书楼建筑设计

朱买臣纪念馆建筑设计

问答部分

Q1：感谢王老师的精彩演讲。您讲到的城市和建筑的关系是我们做设计时会忽略的事情，让我受益匪浅。您后面展示的案例，也都和现实生活结合得非常紧密。我想问的是，您在做藏书楼的设计时，如何和当地进行沟通？

王建国： 藏书楼最早是一个设想。我们向当地政府提出，藏书这个地名历史上是有典故的，现在城镇发展需要策划文化上的亮点，同时也能让老百姓有更多的地方认同。我们提供了一个策划，结果他们感觉挺好。其实，最早他们建议我们将藏书楼做在别的地方，但我觉得不太好，标志建筑最好是集中在几个点，因为不可能对该地区进行大的改造。后来，考虑到过去这类城镇的桥头是非常重要的场所，所以我们提出将它建在水面上，他们也觉得可以，就这样设计了。

Q2：您之前讲的建筑形态和城市形态之间的关系应该属于建筑类型学范畴。近些年来千城一面，城市趋同现象很严重，如果我们在很相似的环境里，再设计跟它相符的建筑，我觉得这会造成一些问题。您怎么看？

王建国： 类型学上有联系不等于形式上是一样的，可能是完全不同的东西。类型学上的联系可能是门、窗和屋顶的组织关系，可能是布局上某种拓扑的关系，也可能是一种比较抽象的表征，并不是形式。类型学大概的意思，是把某一个对象涵盖的要素区别开来，分别拿出来再做纵深的研究，在研究过程中只管一个要素，而不管要素和周围的关系，有点像我们画分析图，研究交通只画交通，表达流线就只画流线，是这个意思。

类型学通过研究把某种要素最大的可能性挖掘出来，最终再把要素的几条线重新组合。在国内，参考比较多的文献是罗西的《城市建筑学》。国内的学者中，沈克宁对类型学有比较多的研究，大家可以看一下。藏书项目有一点这样的意思在里面，比如我们设计的屋顶，不是和民居完全一样的东西，但木构架的感觉还在，包括一些砖墙的使用，也已经不是原来的东西。我们想用类型学的办法体现出一个有文化内涵的对象的有序演进，有过去的影子，但不是过去的东西，是发展的。完全做仿古的东西是不行的，但人的集体记忆、共性的审美认知又不太能接受全新的东西，所以我们的设计兼顾了人群的集体记忆和它所能够接受的新形态。

7

创作的理性与场所精神的具现
——庄惟敏

庄惟敏

1980 年进入清华大学建筑系，1992 年清华大学博士毕业，获得工学博士学位。现任清华大学建筑学院院长、教授、博导，清华大学建筑设计研究院院长、总建筑师。著有《建筑策划导论》《建筑设计的生态策略》《建筑设计与经济》《筑 · 记》等专著，已发表学术论文一百余篇。曾主持中国美术馆改造工程、北川抗震纪念园幸福园展览馆、中国国际博览中心等重大工程的设计工作。设计作品多次获国家金、银、铜奖，省部级优秀设计奖，及中国建筑学会建筑创作金、银奖。

我们在创作过程中经常会遇到一些困扰自己一时或一生的问题，这时如果能够有一个旁人给你讲一讲、聊一聊，我觉得还是很有帮助的。今天我就是本着这样一个目的来跟大家交流。

创作的理性

今天，从我跟清华同学交流过程中体会或摘录的三个问题讲起。

问题一：建筑创作的理性层面

问题开始于这样的现状：为什么清华的同学们学完建筑这些年，总是有一种什么都没学到的感觉？为什么建筑设计本身有创造的快乐，但是似乎永远没有真正的说服力？我们的设计在课程中企图说服老师，在投标过程中说服业主和甲方，我们需要被迫做很多解释工作……我和很多同学讨论过，几乎所有人都有种"建筑学不靠谱"的感觉。作为老师，我也困惑于我能教给学生什么。建筑学是否有一定的逻辑和推理？

这些问题都可以归结为"我们实质上是在用怎样的方法做设计""这些方法与我们熟知而可信的方法有何不同"，它们体现的是一种对创作缺乏理性解释的不安。

在建筑造型的过程中，思路是很重要的，其产生的结果要求能被人接受。我们做方案时，理性是被经常灌输的，即这个方案有无道理。毕业之后的建筑职业生涯的所有时间几乎都在做一种人居的假设。比如说做博物馆项目，方案就是用来模拟或假设人们使用的一种场景。要想办法让这种假设和模拟说服业主，让他能体会空间，感觉你的感受。这种对设计的解释能力往往是和建筑师的设计本领同样重要的一种基本功——述标。在这种情况下我们多少会变得焦虑，因为我们总是要用语言、用理性的话语包装先前生成的方案。

用理性的逻辑去解释"创造"一词，它属于价值判断，偏重于褒义。但是仔细解读，"创造"在语意学层面有一种说法——追求不同的结果的欲望。我们追求在同样的场地、环境和条件下做出完全不同的建筑，这叫创造。例如，如今的设计辅导课，由一名老师带一个小组，若干个同学在一个地段上做设计。老师绝不会要求组内的同学们在一个地段上做出同一个方案，"为了不同而不同"是一些老师说过的最直接的话，这些话已经变成价值观，深入到我们的建筑教育过程中。

"创造"一词在价值判断上是对一个方案好与善的评价。建筑创作让设计师即使在完全相同的条件下也要做完全不同的东西，这在自然科学里面是一个很奇特的命题。比如在法学中，同案同判的原则与建筑创作形成巨大的反差。从理性来说，在所有的约束条件相同的情况下，应该只能有一个方案，但显然这不是我们建筑创作的常态。建筑是否充满主观性、不确定性、随意性？原本应该只有一个答案，而我们却能创造出那么多答案，于是我们就要对那么多答案的合理性做解释，这就是建筑里最让我们焦虑的。所以，思考创作的理性本质问题时，对创作中理性缺失的焦虑就出现了。我们的设计心理普遍有一种理性缺失的焦虑。在投标完成之后，我们要花大量的时间去琢磨它，给它一点思想层面的东西，即为了不同而不同，但是又必须使其有说服力。

问题二：建筑的功能与精神意义

老师们很多时候会强调功能的重要性，但是建筑本身的创意并不只表现在功能的合理性方面。如果只是解决功能的合理性，充其量只是一个匠人做的事。换句话说，我们现在的注册建筑师考试是职业的最低要求，它只是为了确保你在职业生涯里面不违背与建筑和建造相关的规范和标准。但真正的建筑是一种创造，是用理性的解释去解读它，具有精神层面的意义。所以，功能和精神两者原则上没有可比性。工业化革命和信息化时代的到来使得技术至上和实用主义渐渐变成了大家经常谈论的话题，室内建筑师的设计和室内设计师的空间营造之间的界限变得越来越模糊，建筑也经常有“神品”“意品”和“产品”之分。产品有其满足功能的属性，但是产品一旦被赋予精神意义，就可以升格变为“作品”。人需要在环境中获得认同，体会到所处环境的意义。建筑要将场所精神可视化，这是我们在大学里面学习的建筑学的重要观点。

建筑如何与人相互作用是一个老话题。如何能够更有效地满足建筑环境的主体与人的需要，在建筑与人之间建立起交流的途径显得非常关键。马斯洛的五种需求层次理论广为人知，马丁·海德格尔也说：“人要诗意地栖居在大地上。”精神层面已经变成建筑里除物质层面之外的一个很重要的构成要素。

西方对建筑的意义有其自身的理解。诺伯舒兹的《场所精神》里有一张罗马大浴场的图片。在西方的诠释里，人活动的场所是城市的中心。城市真正的生活中心通过广场这样的场所来体现，很难想象一个没有人的场所景象。罗马大浴场就是罗马最鼎盛时代的重要舞台。在这样的建筑中，人成了一个重要的组成部分，在此聚集、活动，场所的精神得以体现。

问题三：建筑的形体应该怎样做出来？——对理性的反思

这是我的一位硕士研究生在和我讨论硕士论文时问我的一个问题，反映了建筑学教学中的一种焦虑。他问的是一个形态建构的偏好性问题。

每一位建筑师在设计时都有自己形态建构的观点，这些观点逐步形成了偏好，最后凝聚为个人创作的风格。形态建构是一个形式的生成过程，其背后蕴藏着不同的人对这个问题完全不同的理解。如果归纳 20 世纪以来的形态构成理论，大概有六个方面：

第一，形式构图理论。几何形式是美的，运用到建筑中也是美的。格式塔心理学（gestalt psychology）的主要理论观点是人们有一种与生俱来的对完形的趋向。小孩子会对三角形、正方形和圆形有一种偏好。有一种形状认知玩具，上面有很多洞，小孩子可以拿着形状相同的玩具塞进去。孩子们与生俱来偏好对完形的掌握。但之后有人提出反对：决定论说，人们对美的追求后天是可以学到的。不仅先天具有的，而且后天学到的概念也可以促进人们对形的把握，于是慢慢地产生了另外一套理论——构图理论。古典建筑中可以看到构图理论的运用，比如山花、构饰、大穹顶的比例尺度。

第二，图解理论。这是我们现在经常用到的一种方式。将图解形态作为形态建构的原型，由气泡图的抽象关系生产与之拓扑一致的建筑形态。功能气泡图是这种理论的代表，气泡之间通过拓扑的关系联系在一起。比如设计一个图书馆，进入一道门厅，而后走到出纳台、研讨室等等。连起气泡并具象化成空间，建筑便生成了。

第三，象征与隐喻。这一原本为语言学的概念在符号学中得到了延展，将建筑视为意义的载体，借助集体的经验，传达建筑形态建构的价值。这种方式很具有视觉冲击力，却有一定的风险，因为需要把建筑复杂的功能想办法装到里面去。

第四，类型学。阿尔多·罗西（Aldo Rossi）说过，提取建筑的片段，选择片段里面的母题，把这个母题抽出来，对片段进行心理抽象形成“原型”，利用现状建筑语言表现原型“转喻”，通过抽象、具象、再抽象实现一个建筑的造型。

第五，建筑现象学。它说的是人们对建筑的一种感知，强调必须感知建筑本质并获得感受，感知伴随着思维，人们需要不断思考和感受。这其中融入了与视觉紧密相关的光线、材料和质感，要体验。所以学校一般会有“体验建筑”这门课，在创作中通过现象学的感知把建筑营造出来。

第六，参数化。严格意义讲参数化不应该并列其中，但如今参数化变成了一种方式，很多人在做立面设计穷尽了想法时，就会说：“我们做个参数化设计吧”。大家知道，参数化设计的鼻祖应该是AA（英国建筑联盟学院，Architectural Association School of Architecture），我们很熟悉的一些大牌建筑师都是从那毕业的。实际上，我们与AA的老师一起做联合Studio时，他们强调的既不是编程本身，也不是参数模型本身，而是对“原型”的发掘——可以是一个交通、流线、象征的隐喻或经济层面的东西。而参数化设计就是通过参数化模型进行运算，表现出这个原型。学习参数化设计并不是学习技法，而是要提取原型。

理性显然不能解决所有的创作问题，这是一种原创性的焦虑。

如今，当代建筑与城市设计愈发多元化、全球化、复杂化。从这个角度来讲，又应和了在《后现代主义之后》一书中所描述的矛盾性与复杂性，今天我们面对的世界的复杂性和矛盾性与那时相比有过之而无不及。城市建筑体现出的多样性，已经不是后现代主义所标榜的文化多样性，而是认识和技术所呈现的多种可能。

我们今天所面对的世界，大众的喜好裹挟着与城市、建筑本身没有关系的情绪，越过了专业的界限，考验着设计师的职业操守和价值判断。设计的原创性、艺术性和专业性在这个大潮流下变得暗淡了，在混入了包含着众多利益诉求的洪流中变得不那么鲜亮。全球化的实践正悄无声息地改变着地域和文脉。所以，设计的品位和时尚，像消费品一样迅速地传播，我们如今看到的很多设计作品都在反复拷贝。

我们不能否认，如今中国面对的是当代实用主义的概念。GDP的增长使人们加入了一场持久的建筑狂欢。现在的建筑师都惴惴不安，不敢评论别人的作品，同时对自己的作品百般琢磨，生怕有一天纳入老百姓的视野时，被裹挟到这场狂欢里去。面对大众的喜好以及那些裹挟着与城市、建筑本身无关的情绪，建筑师在想方设法坚守自己的话语阵地。

面对这样一个潮流，实用性便冒出头角，建筑师已经退守最后境地——功能，这一点很危险。对建筑师而言，实用性变成了躲避被绰号化的最后的遮羞布和挡箭牌。所以，建筑师是高风险的职业，设计的建筑要避免“被狂欢”，否则名声就会不保。

第二次“国际式”风潮的到来实际上也带有西方的强权。OMA 事务所有一家传媒公司叫 AMO（意为纯粹的建筑），*CONTENT* 是它出的杂志。这个杂志把建筑变成了一种时尚和符号。

全球化进程带来的建筑职业实践的全球化，使得人居环境的场所呈现出复杂的局面，建筑师们正以个性化的方式重塑城市和建筑的面貌。地域文化以及对地方特征和价值的认同在全球化网络中遭遇危机，普适的价值观和审美价值取向遭到巨大的挑战，社会在时尚的道路上渐行渐远。这意味着，我们必须依靠既有或创新的理论来重建根植于地方环境和日常生活的设计态度，必须使之与当代现实建立起对话，这是我们实现原创的基本前提。

现如今，选择不跟随潮流的人往往会比时尚的人更受到赞美，因为社会太容易对人产生影响，而我们却通常定力不够。“不时尚”的建筑师深谙历史和传统的影响，知道自己的价值标准，坚守着自己的阵地。维基百科里面新出了一个词“starchitect”，是 star 和 architect 的合成，意为明星建筑师。

下面要讲述的是我的设计作品和一些感悟。

场所精神的具现

建筑就是要将场所精神可视化，建筑师的任务就是创造人类栖居的有意义的场所。

——诺伯舒兹

华山游客中心——自然敬畏，场所精神的具现

在我们之前有一版设计非常奇怪：后面是华山，前面是一个上万平方米的大广场，其中心轴线上做了一个像是翻版的小人民大会堂的建筑。当时华阴市的规划局、旅游局的领导说这是为了增加旅游的附加值，除了游览华山的西峰、北峰

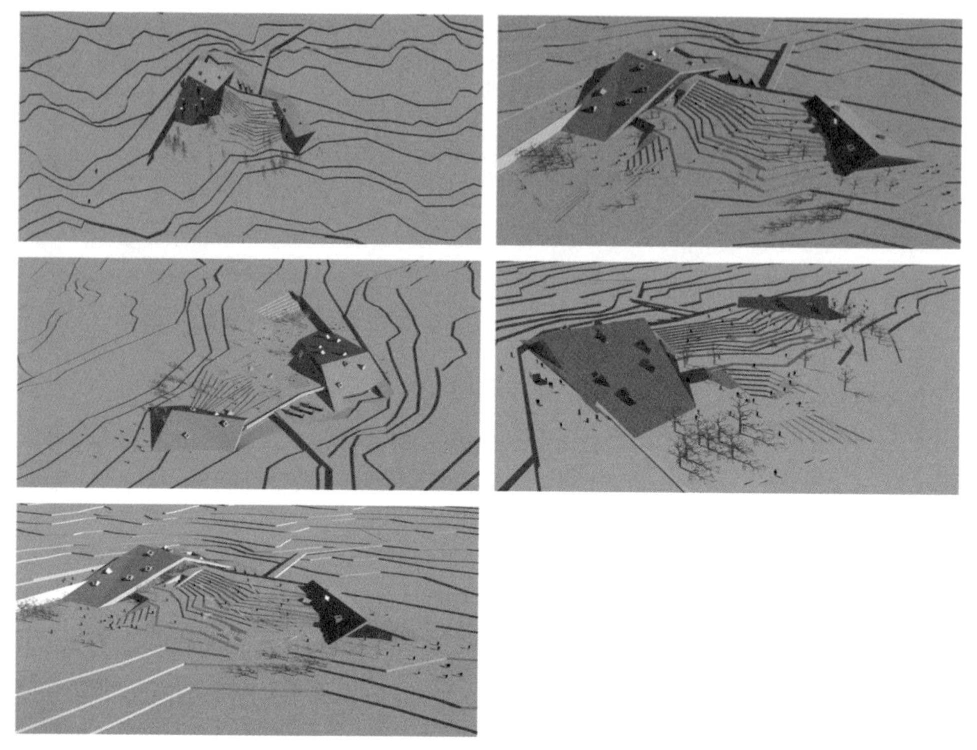

华山游客中心模型

之外，还能游览一个“小人民大会堂”。广场上的两个停车位要同时停满，确实会给人气势宏大的感受，却会完全与华山自然景观相抵触。万幸的是市委书记不敢这样做，所以这个方案就舍弃了，最后找到清华做了这个项目。显然，前一版设计的命题本身就是一个绝对的误区。

华阴市在华山的北麓，站在华山上向北即可俯瞰华阴市。华阴市以多层或低层建筑为主，华阴火车站位于城市的北端，火车站外有一条迎宾道正对华山，自城市东北的西岳庙起，形成了一个直通华山的视觉长廊，这些是直接约束这个项目的条件。我们将沿着火车站到华山的这条线规划成了一个游客中心，后来它还兼顾了华山论剑、集会等生态广场的功能。在设计过程中我们有这样一些想法，沿着道路将人们的视线打开，场所精神体现的并不是建筑本身，而是自然。因为没有任何建筑形式能够超越华山，所以具有场所精神的建筑就是自然。

沿华山游客中心下沉广场看建筑全景，张广源摄

华山游客中心东侧建筑北向屋面，张广源摄

华山游客中心建筑南侧透视景观，张广源摄

华山游客中心下沉广场及台阶绿化，张广源摄

华山游客中心售票厅，张广源摄

最后确定的方案是建筑位于道路两侧，一分为二的建筑形成了两个功能体。其中一侧是票务和导览，游客从这一侧买票后走到一个平台底下候车，那里有一个展厅、快速疏散的通道和停车场。建筑形体顺山势攀升，形成自然的台基。整体是一个非常简洁的立面形成的坡屋顶，深深地插入大地，匍匐在大地上，融入自然环境。为了解决大屋面的采光，设计了几个仿佛从山上滚落的巨石形式的采光窗井。设计时，采光窗脊和边线并不是平行的，而是形成了若干个面，有微微的转折，与华山形成了语言上的呼应。因为有一部分展品在这些窗下，正好可以形成不同角度的自然光照射展品。但由于施工中督造不利，最后采光窗的效果并

不是一个干净的立方体，施工方私自改成天窗垂直于屋面，里面也做成平面，看起来是一个天窗，却没有立方体直接插进去的感觉，这是非常遗憾的。而原本应是很厚实的墙壁，施工时却变得很单薄，窗户无法很深地嵌在里面。但是建筑的整体感觉达到了我们预期的效果，形成了一个城市、人工和自然的对话。虽然有很多遗憾的地方，但仍基本上维持了原调。华山的雄伟和自然是任何人工都超越不了的。在这种情况下，建筑的形态不宜对其进行形状的仿造。

华山游客中心下沉广场，张广源摄

华山游客中心沿平台看华山，张广源摄

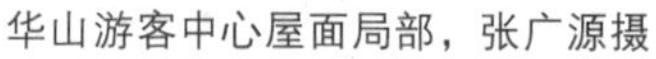

华山游客中心屋面局部，张广源摄

华山游客中心室内，张广源摄

钓鱼台七号院——场所感的材料语境

钓鱼台七号院位于玉渊潭的北岸，与湖水相望，有着良好的南面朝向，地理位置绝无仅有。它由中赫集团开发，因为地价高昂，开发商需要将其扩展出更多的面积来与之平衡。

什么东西最能打动人，同时又富有文化和传统，高雅不俗？根据长久观察，我发觉在北京城里，人们的认同感深深地融入学问之中，而不是富贵和华丽之中。知性本身就是一种气质，而我们希望给建筑以这样的气质。气质从哪里来？首先是材料的选择。我们希望这么高大的建筑在这独特的环境里拥有可被人读解和接受的尺度。我们没有选用巨大的石块，而是选择了非常质朴却很有表现力的砖。选定这种材料后我们就没有再犹豫，一心研究如何更好地诠释它。用砖做材料使得这个建筑很有手工的感觉，而手工就代表着一种品位，这一点也是业主最满意的。如果从精神而言，它体现的是一种手工制作的品格。

我们原原本本地使用了砖砌幕墙系统，距离现浇墙和保温层 45 厘米，单层砖直接砌上去，14 层高。整个建筑用了从德国进口的 130 万块砖，是中间有孔的

钓鱼台七号院

三孔砖，砌筑的时候可以叠在一起，中间用来穿钢筋、灌浆、拉筋，防止幕墙倒塌。砖缝全部用白水泥来填补，颜色比白略灰暗，使得它凹进去后更能突显光影的效果。面砖做不出来这种效果，必须要用整砖来砌。

建筑的每一个细部都是按照豪宅规格定制，包括门把手、窗和檐口的纹样等。整栋建筑充分融入了中国元素，例如拂尘、卷叶花、窗下墙的铜饰等。柱头石材的雕刻式样并非来自西方，却别有其韵味。我们还将中国古代的十二章纹[1]用在细部中，从而形成与自然的对话。另外，西方古典建筑的窗楼上多使用宝剑、权杖图案，我们在这里用了拂尘。这些细部的勾勒既有西洋的味道，又体现了中国文化，恰恰是业主所崇尚的。

[1] 十二章纹是中国帝制时代的服饰等级标志，指中国古代帝王及高级官员礼服上绘绣的十二种纹饰，它们分别是日、月、星辰、群山、龙、华虫、宗彝、藻、火、粉米、黼、黻，通称“十二章”，绘绣有章纹的礼服称为“衮服”。

钓鱼台七号院山墙细部，张广源摄

钓鱼台七号院十二章纹山墙特写，张广源摄

钓鱼台七号院 1 号楼入口，张广源摄

钓鱼台七号院柱顶细部，张广源摄　　钓鱼台七号院窗下墙图式细部，张广源摄

遗址博物馆的场所表达——成都金沙遗址博物馆

遗址博物馆更加强调场所感的表达，应该有建筑是从土壤里生长而成的气息。金沙遗址是商末至西周时期古蜀国的政治、经济、文化中心。探方是考古领域最重要的一个语汇，是指用混凝土将遗址分为一个个的格子保护起来，考古学者通过探方的方式逐格进行发掘。我们要做的就是在这个基础上将它变为高标准的博物馆，以积极的姿态实现对历史遗存的保护，并兼顾资源利用与可持续发展的平衡。我们希望赋予建筑自然生长于土壤的感觉，于是将其与探方建立起呼应关系，并将绿化、道路、水系和标高都与之结合。总体规划包括两大块——遗址大棚和文物陈列馆。

遗址大棚建筑面积 7688 平方米，分为主挖掘区现址展区和半室外展场两个参观区域。建筑主体采用大跨度钢结构，大棚内为无柱大空间，为保护、发掘、展示提供了灵活的空间。整个顶面的结构为横跨 110 米的斜置网架。网架下的遗址通过栈桥式的结构使之架空，人们可以从栈桥上走下去游览遗址。

文物陈列馆是园林主体，总建筑面积 20190 平方米（含地下车库）。建筑形体方正，造型北高南低，与地面相接，仿佛从大地中生长出来，隐喻被发掘的玉璋。同时，设计采用 5 米 × 5 米的考古发掘探方为建筑肌理，象征科学的秩序。

金沙遗址博物馆遗址大棚内部栈桥，舒赫、莫修权摄

金沙遗址博物馆遗址大棚远景，舒赫、莫修权摄

陈列馆与遗址馆一刚一柔，一实一虚，交相呼应。外墙和室内公共空间的墙面、地面全部选用干挂洞石，使得园区建筑浑然一体，统一协调。陈列馆围绕中庭布置展厅，突破了传统博物馆将展厅、公共空间、教育空间割裂的形式，而将独立展厅与开放式台地展区相结合，使被动固定式陈列与互动情景式陈列空间相互渗透，对静态、单一的参观模式与动态、多媒介的模式进行了整合，从而破除了人与展品静止对立的格局，使人成为陈列馆的主角，充分体现了人本主义的理念。展厅最重要的是墙面，要使自然光从上面倾泻下来。采光天井直捅到顶并冒出地面，透进来的光线会随自然环境发生变化，产生时空对话的强烈感觉，比人工光更多一分色彩。室内是一个非常简洁的中庭，上面有四鸟绕日的图案。

金沙遗址博物馆尝试了一种既不同于郊野遗址博物馆，又不同于城市密集区博物馆的设计策略，探索出了一条新的道路。汶川大地震后，金沙遗址博物馆不但成为了文物的庇护所，还成为广大市民躲避地震灾害的避难所。建筑超越了原设计的意图，提供了更为广阔的人文关怀。

金沙遗址博物馆陈列馆入口广场，舒赫、莫修权摄

金沙遗址博物馆陈列馆次入口，舒赫、莫修权摄

金沙遗址博物馆陈列馆远眺，舒赫、莫修权摄

金沙遗址博物馆陈列馆四鸟绕日中庭俯瞰，舒赫、莫修权摄

追求理性和场所感的实践与研究

既是奥运的更是校园的——北京科大综合体育馆（奥运柔道馆）

追求理性与场所感的实践往往出现在要求高创意但投资低的项目上，比如说学校。2008 年北京奥运场馆共有 37 个，在 12 个新建场馆中，有 4 个位于学校。它们在奥运会期间分别作为不同赛事的主场，而奥运会结束后留在学校中。

北京科技大学体育馆承担奥运会柔道、跆拳道比赛项目，我们参与了这个场馆的投标。述标时，我们提出了“立足学校长远使用，满足奥运国际比赛要求，尊重校园场所精神，适宜技术降低运营成本”的理念。“立足学校长远使用”意指 18 天奥运会结束后能真正为学校所用，而不是变为学校的财政窟窿，希望可以做到持续发展。

根据场地所承担项目的特征，为防止日晒，我们选用东西实墙。结合紧张的用地，我们做了一个非常简单的造型，像一个机器的零件。北京科技大学的前身为北京钢铁学院，完形、简洁和有力度感的造型加上金属表皮，给人钢铁学院的场所感联想。在塑造简洁造型的同时，我们还将关注的重点放在建筑节能、节省费用方面。体育场不仅是举办奥运会的场所，更是学校的体育场馆。如若变成财政窟窿，学校肯定不会继续投入使用。为此，我们制定了赛中和赛后两套规则，既严格按照奥运会期间所有使用要求进行设计，又考虑到了奥运会后学校的教学、集会、训练活动的需求和对外开放的情况，最终这个方案打动了评委。

建筑空间一定要做大。我们将座位根据人群进行了颜色的区分。粉色区、黄色区、绿色区和红色区分别对应媒体席、主席台、观众席和残疾人席，其中红色区和绿色区为临时看台。根据奥运会大纲的规定，柔道、跆拳道比赛场馆必须具备 8500 个座位，少则不能作为主赛场馆。但是，一般大学的综合体育馆的座位数充其量只有 5000 个，超过这个数就是浪费，没有任何意义。所以，我们在固定座席后部做了两块平台，奥运会时用脚手架在此搭起租来的座椅，会后再拆除归还。把座椅、脚手架拆掉之后的平台，宽敞明亮，高 10.8 米，打篮球没有问题，效果很好。场馆立面用的材料非常简单：金属板、玻璃，局部用了一点清水混凝土。

因为自然光线会产生眩光而影响比赛，所以奥运场馆不允许用天窗，但是，考虑到学校的日常需求，我们做了天窗。但普通的天窗，玻璃和屋面的热膨胀系数不同，受热变形时会拉裂形成裂缝，导致漏雨，遮阳也是个大问题。针对这一问题，我们设计了光导管采光系统。它们在奥运会比赛时呈闭合状态，但敞开时自然光就会进来，非常明亮。光导管直径 55 厘米，是一个内里有涂料的金属桶，这个涂料能反射 99.7% 的自然光。在网架结构里，光导管可以拐弯绕开结构的节点。光导管的屋面构造绝对防雨，并且能防紫外线、红外线。这个场馆是当时用光导管数量最多的单体建筑，多达 148 个。奥运会后，在白天没有开灯的情况下，场馆依然可以满足学校上课、训练和集会等功能需要，实践证明我们成功了。

学校的游泳馆紧挨主场馆，我们在热身馆的场地底下掏了一个泳池。奥运比赛时在泳池上面架上架子，垫起来，奥运会后拆除变为游泳馆。

与场所呼应的理性的设计方法——北京建筑大学新校区经管环能教学楼

北京建筑大学新校区的整体规划是北京建筑设计研究院做的。我们负责设计的教学楼在北京建筑设计研究院设计的综合教学楼和同济大学设计的图书馆旁边。我们开始接触这个案子时，北侧综合楼的设计已经完成，有一个飘浮顶。

这个项目的设计方案，我们采取了类似 Form-making 里气泡图的做法，将功能的排布、楼的朝向关系等用图示的形式进行分析，从而得出一种基础造型。E 字形的教学楼，各个分翼自然采光好，通风流畅；可南北向布置教室，东西向布置实验室；并能形成多院落格局，尺度适宜；交通便捷，可达性强。在比较了 S 形、口字形和 π 字形方案后，我们决定采用 E 字形方案。

这个方案是按照气泡图推演出来的，E 字形方案将三个实验室放在三条翼上，教学楼是南北向的。如今的教学模式已经发生变化，学校内各个班级人数的不确定性导致它们需要的教学空间大小不同。能否在建筑空间里面任意打隔断和做切割，是该设计能否适应今天的教学模式的重要因素。我们用一个小窄窗的布置给这一想法提供了现实的可能。这个窗宽 1.2 米，依次排列。

北京建筑大学经管环能学院，张广源摄

北京建筑大学经管环能学院，张广源摄

北京建筑大学经管环能学院，张广源摄

最后的方案集中在 E 字的造型上，立面的理性生成就比较重要。在窗下墙外面会有一层百叶，是因为根据规范，我们国家的高校教室内不允许安装集中空调，只能安装室外机分体空调。为了适应空调室外机的不同尺寸，我们把一部分立面的中间墙打掉连成大窗，这样室外机就可以放在窗下墙的百叶之后。窗户因此就有了宽宽窄窄的变化，灵活的空间形成奇特的韵律感，很有特点，并且花费很少。同时，隔墙的放置也造就了灵活多元的隔体单元，既有变化，又有规律。

在我们设计的教学楼旁边，规划了一个人工湖，湖上修建了一个四合院，四合院的灰色基调给了我们一个先期的引导。教学楼立面的面砖是专门挑选的，和四合院色彩呼应的同时又有所区别，突出了现代建筑的特质，面砖之间采用通缝而不是错缝的方式结合，体现了砖与窗之间的逻辑关系。

东北大学新校区文科楼——场所行为的建筑表达

中国最早的建筑学院开设在南方的中央大学（现今的南京大学）和北方的东北大学。当时东北大学的校长是张学良。1928年底，梁思成和林徽因以及陈植、童寯等这些我们建筑界的泰斗刚从美国回到国内，在东北大学创办了中国第一所建筑学院。很遗憾，当时东北大学那些老房子现在都被一些政府机关占据，所以就另外找了一块地做新校区规划。

规划采用投标的方式，日本的鹿岛建设公司中标。建筑单体由国内的一批建筑师设计，参与投标。我们中标了文科组团一（建筑馆和国际关系学院）这栋建筑。

设计总导则中有一个规定，建筑中必须要有一个边向心性地对准图书馆。场所的人流动线和建筑的对位关系使我们并不趋向于在建筑中设计这样一个死板

东北大学文科楼鸟瞰效果图

东北大学文科楼入口效果图

东北大学文科楼图书馆北广场入口效果图

的边，但出于对总体规划和导则的考虑，我们又必须处理单体与总体的关系问题。于是，我们把这个边以一堵墙来加以限定，而建筑体块与这道墙则形成一定的角度。这样处理后，墙与建筑之间就有了一个灰空间存在，可以作为学生们交流的室外场地，并且将人流引向学校正门口。在哈佛大学，有一条非常著名的廊

东北大学文科楼半室外空间效果图

东北大学文科楼梁思成纪念院效果图

子——卡朋特廊道，贯穿众多院系，吸引了大量不同国籍和专业背景的学生在这里交流。建筑是可以促进人们之间的交流的，我也希望做到这点。

与墙体形成一定角度的建筑将学生们从校门引向学生公寓，并形成了一个穿廊。文科楼南侧是著名建筑师周恺设计的文科二教学楼，他考虑到东北地区冬季积雪常年不化，希望把阳光引入北广场，也将楼斜置了一下。两个方案不约而同地斜置，使两栋建筑之间产生了对话，十分有趣。

这个室外的半敞开空间内，形成了一个五边形的院，作为梁思成纪念院。说起纪念院，雕塑是必不可少的，但我们当时没有设计人像雕塑，而是做了一排石头材质的老式绘图桌，同学们可以在这里自习。老绘图桌已经变成了一种记忆和符号，更是一种场所的语汇。但是后来学校领导反对这个做法，就取消了。围绕梁思成纪念院做了若干方案。其中有一个设计是将佛光寺大殿的大斗拱截取一段作为雕塑，也算是对梁先生的纪念。

至今，我们已经做了许多校园设计，希望能从中体会到环境和场所的关系，以及它们与人之间产生的对话。每一个设计方案都应在理性的基础之上体现出创意，但是创意本身，是与场所精神紧密相关的。

谢谢!

问答部分

Q1：我作为美院的学生想问一个问题：像我们这种通过美术考入建筑系的学生，在结构和数学计算等方面处于劣势，毕业后与清华、同济等院校的学生有什么区别？我们的侧重点和优势体现在哪里？

庄惟敏：其实你们不用担心。第一，我毕业后从事这么多年的建筑设计，几乎没有用过高等数学，我现在研究的建筑策划倒可能需要用到数学。第二，清华大学 2013 年也开始招收文科生了，他们与你们没有任何区别。第三，你们的优势非常明显，你们的绘画基本功是他们所达不到的。对建筑系的学生而言，在学制有限的时间内，能用基本技能把想说的和想要做的充分表达出来是很厉害的。在投标、竞赛，以及组织学生的联合 STUDIO 和申请国外的学校方面，我一直都在拿你们鞭策清华的学生，所以不用担心。如果需要简单的结构计算，设计院事务所内都会有结构团队，没有太大的问题。

Q2：钓鱼台七号院的表皮和元素都非常细致。从场所来讲，它的楼层非常高，已经破坏到景观。您的方案与之前方案的区别在于后者玻璃面非常多，而您的砖材面非常多。是否应该考虑把它做得虚一点？

庄惟敏：虚的含义是什么？做成玻璃形成反射是虚吗？材料作为建筑师的工具之一，是很重要的，你一定知道贝聿铭曾经在波士顿三一教堂旁边做了一个全玻璃幕墙的大楼。但在这个环境中，玻璃材质由于会反射周边的建筑，所以并不会使建筑的体量感消失。

最重要的是，玻璃很难表现出它特有的品位和气质。明末清初时，皇室发现玉渊潭的水系在平面上像一只蝙蝠，认为此为有福之地，所以业主特别强调文化渊源和气质。我比较惧怕玻璃，因为它施工和维护都很困难。若是没有德国、日本的施工工艺，用玻璃材料很可能适得其反。但不可否认，用玻璃材料作为一种虚的处理方式也是建筑师的常用手法。我们用红砖材料是想减小它的尺度，曾经也想改用小石块，但考虑到它工艺烦琐、成本高昂，就放弃了。

Q3：庄老师，东北大学新校区文科楼是每个建筑师负责部分的设计。那么，您在设计时是以自己的思路出发，还是要考虑到其他建筑师的设计，以形成与其建筑的对话?

庄惟敏：我讲场所就是与之有关，这个场所既是自然的也是人工的。在设计时，一定要考虑自然和人工场所周边建成的建筑。这种集群设计正时兴，从松山湖开始，到余家铺、鄂尔多斯和东北大学，包括我们最近在做的通辽博物馆群，都是集群设计。首先，大家共同设计是一个很开心的过程。其次，每次评投时都相互批评，非常有收获。我也从他们身上学到很多东西。

OPEN ReAction
——李虎

李虎

OPEN 建筑事务所创始合伙人，曾任美国斯蒂文·霍尔建筑事务所（Steven Holl Architects）合伙人，以及 Studio-X 哥伦比亚大学北京建筑中心负责人。

我上周刚从台湾回来，参加了成功大学建筑系的毕业设计评图。我愿意受邀前去，一方面是因为今年不是很忙，另一方面是因为我去年被邀请去宜兰参加大评图（中国台湾、香港以及日本三个地区的大学本科生毕业设计评图）时，受到了很大的震撼的。我这么多年一直没有脱离教学这件事情，但据我观察，国内并没有这种毕业设计的模式，我觉得很可惜。每次看到台湾同学做毕业设计时非常拼，我都很有感触。所以这次演讲前，我想请大家先花点时间看看台湾成功大学学生的毕业设计作品。

首先，台湾学生的兴趣之广是我们难以想象的，大概是因为面临的社会环境不太一样。比如，有的同学关注发电厂旁边的垃圾回收，有的同学关注鸽子，也有人研究城市问题、历史的记忆，还有些人研究台湾土著部落的建造形式，甚至有些人会研究梦境。不仅是对事物观察的广度，他们每一件毕业设计作品的发展深度也是非常令人惊讶的。每一次毕业设计评图对学生来讲也是一个大的话题，会邀请台湾最重要的建筑师们来参与，比如黄声远、邱文杰、曾成德等。黄先生说他是第19次去成功大学评图，可见在台湾忙碌于实践的建筑师对建筑教育也是非常关切的。学生们巨大的模型摆在外面等着大家评判，这是蛮壮观的一个场面。

有一位学生播放的影片令我非常震撼，他毕业设计的选题与中东难民营和伊拉克战争有关。他开始思考对于难民营我们可以做一些事情，这说明一个学生经过五年学习之后能力发展得很全面。这令我非常惊讶，比我当年不知道强多少。

我们作为评图老师被要求做最终的点评。我当时在思考，建筑学和我们日常的实践其实是一回事。我画了思考建筑学的四个不同的维度。第一个维度是建筑学思考和研究的广度。台湾的学生们思路非常广，因为毕业设计的关键就在于选题，你可以完全天马行空地选你感兴趣的题目。第二个维度是深度，光有兴趣还不够，还要看我们可以把这件事情研究到怎样的深度。第三个维度是向上的勇气，可能大陆学生会比台湾学生猛一些。勇气对今天的实践建筑师是非常重要的，翻译成英文是 Ambition，要想清楚我们做建筑师的目的到底是什么。第四个维度是应用，应用的过程也是发现问题的过程。这跟台湾学生做毕业设计蛮像的，就是一个发现问题的过程。我当时就在思考这些建筑学的问题。

成功大学评图结束后我回到台北，去看了一下路易斯·康的展览，这是一个非常棒的、难得一见的、相当全面且真实地展示了康的建筑的力量的展览。展览的副标题就是 The Power of Architecture，这是德国的 Vitra 博物馆组织的一场巡展。我跟几个建筑师也在努力把这个展览引进到大陆来。如果实现不了的话，就要搬到北美去了。Vitra 在北欧做这个展览的时候出了一本书，直到那天我才明白原来是这个展览的画册。策展人把康的工作整理成了六个方面——城市、科学、地景、集合群组、住宅、永恒，我个人并不赞同这样来看康。回到今天讲座的主题，我们也在反思近期的一些工作。王明贤老师最近在编新的一辑“建筑界丛书”，我们很荣幸成为入选的建筑师之一。去年借着做书的机会我们花了蛮长时间强迫自己认真反思一下自己的工作。在这本书里，我们把这几年做的项目放在一起，做成一张拼贴城市，我们叫它 OPEN City。

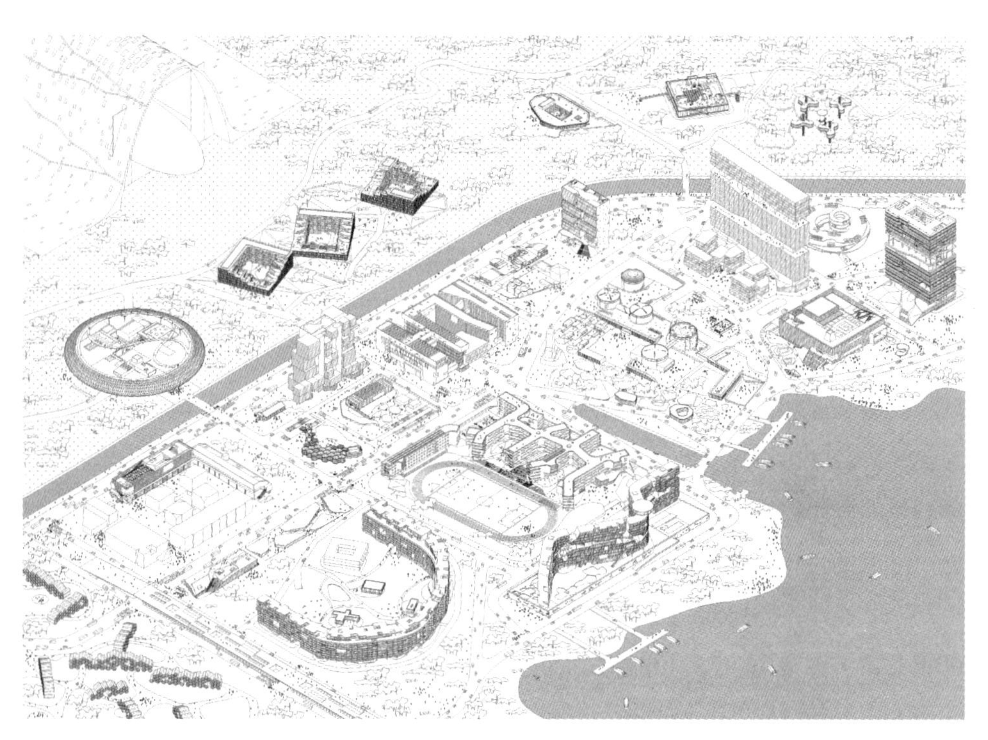

OPEN City

OPEN ReAction

我今天的演讲没有主题，我有意地抵制一种风格、一种标签、一种兴趣，因为今天我们处在一个极其特殊的时代，一个日新月异的、翻天覆地变化着的时代。就如同绘画和雕塑是艺术家表达对这个社会的看法的工具，建筑恰恰是我们的工具。我们用建筑这个工具表达我们对这个世界的看法。ReAction 是表达这一含义很恰当的一个词，但是用中文翻译出来，它的意义会变得非常狭隘。

在和王明贤老师合作的那本书里，我们也恰好总结了六点，这是偶然的巧合，跟路易斯·康的展览完全没有关系，但是恰好有一些重叠。这六点是：开放城市、都市自然、原型体系、社会生活、机构重塑和想象未来，英文表达都是以 OPEN 开头。我们基本是在这几个大框架下进行一种发散的、待定的、尚不明确的探索。下面，我逐一分享一下这六点。

开放城市

如果重新规划一个城市和彻底修复一个城市很难，或者说需要漫长的时间，那么积极地建筑可以比较直接地起到重新激活城市生活的作用，如同催化剂或者充电装置。这些建筑把人聚在一起，把新事物和老历史联系在一起，打开封闭的城市，联系起割裂的社区，创造出前所未有的空间与事件的组合，让城市重新充满惊喜和活力。当这样的建筑越来越多，形成网络时，它们的修复与重新激活的效应也会越来越明显。开放愉悦的建筑可以扭转自私短视的城市状况，重新定义城市。我们所期望的开放城市不见得整齐干净、外表光鲜，但一定是充满生机和活力的城市，是允许高贵与平常、个体与集体和谐共生的城市，是高密度高效率且公共空间也极为丰富的城市，是人工建造与自然环境相平衡的城市。

回顾 OPEN 最初几年在国内的实践，相当多的工作是纸上建筑，或者装置性、展览性的建筑。比如 2008—2009 年做的北京“二环 2049”城市研究，以及把封闭的小区围墙改造成线性的“红线公园”。还有正在进行中的、花了很多年在做的上海西岸油罐艺术公园，我们希望它能重新激活工业遗产，成为城市文化的载体。

都市自然

在此之前，我们的自然，
从未遇到过这样的危机，如此不负责任目光短浅，
被我们过度掠夺的自然，到了无法自我修复的境况；
在此之前，我们的青少年，
从来没有如此地疏离自然。
对待自然的态度，是生活在地球上，
人类的基本素养。
我们用于建造和维持房屋运转的所有材料，

都来源于我们的自然。

建造的过度和夸张，是对自然的犯罪。

去建造，就要去仔细考虑地点，尽量小地干扰到自然；

去建造，就是以最少的资源，创造最大的成效；

去建造，是去向自然学习，而不是将房子做成自然的形状；

去建造，是去创造最高效、快乐和紧凑的城市，不是无止境的蔓延；

去建造，是去创造第二自然，在我们共享资源和社会生活的城市里。

刚登上《建筑学报》封面的退台方院项目，它的前身就是我们没有实现的“网龙公社”方案，北京四中房山校区的设计也是这样一个田园的概念。几年前，我们做的一个竞赛方案，是世界上最大的飞艇库，把飞艇库做成一座山的形态，还蛮壮观的。这些都与自然有关。另外，我曾在鄂尔多斯做了一个批判性的方案，我们叫它 Ordos Bubble，等待泡沫破灭之后，场地回复自然。

原型体系

OPEN 探讨的原型体系是一种策略，即让建筑能够被复制、再造、再利用，但不重复；让建筑能够在基本的系统控制下根据不同的天气、基地、造价和具体需求而灵活应变。OPEN 探讨的原型体系允许其他的专业、终端用户、制造者等参与到制造的过程中。在一个快速发展的社会里，大量的建筑要以前所未有的速度被建造出来。这种速度不符合传统建筑设计的合理周期，而系统化的设计策略是将好设计带给大众的一种有效方式。

这个想法可以追溯到我们在纽约创建 OPEN 时的思考，当然，跟我们事务所的名字也是息息相关的。体现这一想法的包括根据我们最早做的日本新建筑住宅竞赛方案衍生出来的 XYZ 的住宅原型，以及目前还没有机会实现的蜂巢宿舍、北戴河歌华营地的二期，还有我们自发研究的社区中心的原型，听起来特别悲伤，都是没有实现的东西。不能实现的东西肯定是我们工作的主流。否则的话，我们的工作也太幸福了。有时候运气好一些，会实现一些东西。

社会生活

我们都生活于建筑里。当我们进入、通过或是使用时，建筑通过空间在人与人之间建立起关联，瞬时的或是长久的，不管是陌生人、家人还是同事。建筑将时间、空间、光线编织成关于生活的戏剧，人是其中的演员和观者。建筑因为人而有了情感，有了温度，有了生命。

我们在建筑中创造机会，让人们相遇、交流或者仅仅是互相看见，有些是计划之中的，有些是偶然相遇。启示、友谊、想法、学习、教育，都来自人们的这些相遇。这就是社会生活的意义。

建筑与人的关系以及建筑作为载体所容纳的社会生活，对 OPEN 来说，是空间创作的实质。我们尝试通过创造性的策略去营造公共空间：不管是将建筑抬升起来，把地面留给任何人都能进入的花园；还是在单一功能的设施中植入共享的活动空间；或是模糊空间的边界，让空间流动起来……OPEN 着力于创造动人的、全新的空间形式，创造性地重新组织现代的社会生活，同时也使之适应中国文化和社会的需要。我们为空间注入愉悦与诗性，在微观和细节的层面上体现对人性的感知和关怀。

我们很多关于社区营造和公共空间的项目在这六个不同思考维度里面进行了一些交织。比如武汉的一个超高层项目，我们在其中营造了公共空间和公共花园。我们也有一些正在进行中的会持续若干年的城市研究项目。在鄂尔多斯那个项目的泡沫里面，我们试图营造一种全新的公共空间模式，不同的人共存在一个大的穹顶之下。

机构重塑

“机构重塑”跟我们社会发展到特殊阶段面临的危机和问题直接相关，是中国和一些发展中国家特有的需求。

在一个公民意识薄弱的社会里久了，很容易渐渐失去公民意识。我们和那些本来属于我们的建筑——那些公共建筑，有一种距离，这种距离让我们无法真正地拥有它们，无法自由地去使用它们。

这看似是建筑之外的问题，建筑师似乎无能为力，其实不然。只要我们愿意去发现和改变，在当下公共建筑的设计实践中，仍然存在着一些机会，让我们有可能将原本冷淡抽象的任务书转变得热情丰富；让我们有可能通过空间的设计、流线的组织，进一步创造一种开放的状态，并邀请人们进入、参与活动，使公共建筑真正体现出其公共性。这种机会之所以偶然，是因为在没有公民意识和制度支持的情况下，它需要决策者的开明。当成功个案越来越多之后，也许偶然会逐步变成必然，在不是很远的未来。

我们在深圳参与了一个文化综合体的设计项目，剧院的部分我一会儿会详细地阐述一下。最近几年我欣慰地发现，的确存在一些机会，可以让身为建筑师的我们参与到一个项目的功能策划甚至任务书的重新编写里。这是中国拥有的独特机会，也是我们经常面临的无奈。

2010 年，我受《新视线》杂志邀请，帮助他们做了一个假想的世界博览会场馆的回收方案。比如，与其把世界博览会场馆拆掉，不如把它们放在浮船上沿着长江漂流，让那些像我一样没有机会去看世界博览会的人，可以在自己家门口看到。

想象未来

我们不能停止想象一种未来的状态，一种稍微遥远一点的未来。之所以称之为未来，仅仅因为我们还没有进步到那种理想的状态。

这种状态是关于人性的。人类如何共同生活在一起，共享有限的资源。我们作为一个集体，对这个蓝色星球上的自然的态度是怎样的？

当人类社会充满平等、自由、爱和信任，我们依然需要建筑和城市，但这时，建筑和它们所组成的城市形态将不完全相同。这种状态下的建筑即是我们梦想中的建筑，是我们寻找机会去一点一点推动其实现的建筑。

我们想象得还远远不够！

的确，还有很多我们可以大胆想象的事情。我曾经想过全世界的人都生活在海边上，还真有可能。我做过计算，以人口密度最高的东京为例。全世界所有的人口都可以塞在沿海地带。在一次偶然的旅行之后，我有了把宋庄全部搬到山海关的关城内的想法。

今年我们要出的一本书里面就包括上述6点组成的6个章节。这本书是由6个idea和7个project相互穿插构成。所以，接下来我会详细介绍7个案例，都是已建成或即将建成的项目。

哥伦比亚大学北京建筑中心

在北京待过几年的建筑系学生应该都去过哥伦比亚大学的Studio-X北京建筑中心。这栋建筑原来是北京有特殊历史的一座老厂房，我们在2009年对它进

哥伦比亚大学北京建筑中心

行了轻改造，更多的是在保护老建筑遗迹的前提下，对其进行物理上的升级。有一个朋友去后惊讶地发现，这里白天一个灯都不用开，夏天三十多度都不用开空调。事实证明，这个建筑非常节能，到目前为止都在坚持零能耗。部分空间我们会把它变成一个超小型的画廊，一个启发、推动我们未来思想的画廊。五一前后，我们的办公室也会从当代MOMA搬到这里。这是OPEN在北京实现的第一个项目，欢迎大家有机会去那边实习、喝茶。我们还有一个乒乓球桌，在北京的胡同里摆一个乒乓球桌是相当奢侈的。对大部分建筑师来说，这一类的工作会越来越多，不光是老建筑的改造，刚刚建成的大量的新的垃圾建筑也有待于你们去重视并寻找机会进行改造。这样，我们继承下来的糟糕的城市的建筑状态才会有所改善。

歌华营地体验中心

2012年，一个偶然的机会，我们被委托做了一个超快的项目。从委托设计到项目投入使用只有短短六个月的时间。在这之后，我们发誓再也不接这么急的项目了。当时我们不是非常忙，就冒险把这个项目接了下来。这是一个2700平方米的小社区中心，或者说是一个青少年活动中心，他们叫营地体验中心。虽然只有2700平方米，但是它里面容纳的功能空间是很丰富的，包括剧场、咖啡厅、小音乐厅、小庭院、大庭院、画廊。有一次，我偶然发现，柯布西耶当年也做过一个青少年活动中心，跟我们这次设计的尺度，包括里面的功能都非常相似。

这个项目位于北戴河市中心差不多唯一的一块空地上，之后几年周边陆续盖了其他一些建筑。整个建筑利用了场地自然的三米高差，在一个平顶之下形成了三个不同高度的空间。设计是从一个符合黄金分割率的院子开始的，13米×21米的院子。当初，这个院子里有一棵很大的柳树，我们是为了保护这棵柳树设计了这个院子。但是在施工过程中，可能因为工人对它“不敬”，这棵柳树就被“气死了”，后来就没有柳树了。

由于项目周期实在太短，很多事情来不及考虑，我就先做了一个平的屋顶，里面的东西再慢慢调整。这个项目中使用的很多策略在中国现实的环境里面都是不得已而为之的。我们做出来的建筑有时候是无形的，以至于看不出哪个是建筑。体验中心的剧场使用了双层的折叠门，为传统剧场的观影方式带来了一些新意。开幕式的时候，两个小时的演出非常丰富，有京剧、交响乐，还有音乐剧。

室内空间的设计非常朴素，基本上是裸露的混凝土加竹材质的工字板和少量的石材。我蛮感激使用者的，他们非常爱护这个房子，慢慢学会了跟这个房子相处，也非常有创造性。一年之后，他们请日本设计师原研哉为这个空间做了标识设计，跟这个建筑也是蛮搭的。一年之后我们去看这个房子时，台湾的道禾文化机构正在里面做一个中国传统文化的夏令营。

歌华营地体验中心

歌华营地体验中心

这个项目有幸获得了当年的WA世界建筑奖优胜奖和中国建筑传媒奖的最佳建筑奖。

退台方院

退台方院是2012年设计，2014年建成的，是我做过的项目里面造价最低的，含装修的全部成本，平均每平方米是2500元人民币。如果熟悉工程的话，就会知道这个造价是低得惊人的，当然，我也不知道他们怎么会这么便宜就把房子盖了起来。我们接受委托的时候就知道这是一个低造价的项目，做完当代MOMA这么贵的房子之后，我们也非常愿意尝试做一个造价非常低的房子。由于时间很紧张，我想，那就做一次实验吧，完全是以一种冒险的态度接了这个委托。这个建筑的形式跟土楼相似完全是巧合，我们并不是受土楼的启发，刚好这个尺寸跟

退台方院

周边方土楼的尺寸蛮像的。但是，跟传统土楼内向的防御性完全相反，我们设计的建筑无论从内还是从外都是完全打开的。

退台方院这个项目的出发点有两点：一个是院子围合成了一个大的公共空间，“退台”就是把拉伸起来的三点切割成一个屋顶平台，屋顶平台自然而然就增加了一层公共交往的空间。为什么做这种空间？首先，这不是一个传统的住宅，而是福州最大的一家IT公司的家属生活区。这些人平常在一起生活工作，以前下班各回各的家，基本上没有什么交往。作为电脑游戏的设计师，他们生活在一种很奇怪的虚拟世界里，所以，我们希望能提供一种空间把他们拉回到现实。另外，我们也希望建筑能轻轻地落在大地上，与大地有一些联系。

这些宿舍每个月的租金只需要300元人民币，对员工来说是非常好的福利，但是如果你看到他们总部里面有那么多有特色的东西，你会更加想去那里。商店、自行车库、门厅等公共空间位于飘浮起来、切割过的方院下方。这栋房子盖得相当快，一年时间就基本盖好了，但是到现在仍没有完全建完，我一直相信建筑落成的那一天只是它生命的开始，当然，这个房子也很“皮实”，可以让他们随意折腾。现在，很多的宿舍空间被他们改成了KTV，经过各种各样的折腾，这个建筑才变得更有活力。很多建筑师有洁癖，不让别人动自己设计的房子，动了会“哭”，但是我比较喜欢看着房子慢慢发生一些很有趣的变化。尤其对这种居住建筑来说，本来它需要解决的问题就是公共空间和私密空间之间的平衡。我很高兴看到他们开始在平台上种一些油菜花和有机蔬菜，还有小朋友们在上面快速地奔跑，他们也不觉得危险。我上次回访的时候，他们还把自己吊在上面做引体向上，自己开发了各种不同的使用方式。《建筑学报》请天津大学的张早老师写了一篇蛮长的文章介绍这个项目，讲述了很多发生在这个房子里面的故事，比如它怎么被修改，怎么迫于无奈、将计就计。我们本来还精心设计了一个洗衣池，上面是晾衣服的地方，结果他们公司实在太富有了，每个人发了一台洗衣机。我们还定制了一个非常好玩的灯，这个灯具也被用在了北京四中房山校区的建筑里面，但它是倒过来装的。总之，能上《建筑学报》封面对我们来说是很大的荣誉。

海洋中心

我们在 2011 年做的深海研究中心，简称海洋中心，位于深圳大学城的清华大学研究生院。这个校园跟北京的清华校园很不一样，是全国造城现象里诞生的一个大学城校园。这个大学城里瞬间生成的校园存在许多问题。我第一次去现场时观察到，学生们的生活相当无聊，除了宿舍、食堂，就是实验室，还有一个图书馆。这种状态如何能把事情做好呢？大学是现代城市的一个真实写照，这决定了它不会是一种非常友好的城市生活的状态。

我们做的是这个校园里的最后一栋房子，建筑面积非常小，我们基本上把能用的区域都用上了，限高也用足了，有六十米高，这对一个大学的研究所来说是蛮罕见的。通常传统大学的建筑会是水平状的，但我们不得不做了一个垂直的校园。

我们不仅在这个垂直的校园里面把传统的更人性化的空间进行了翻转，还希望利用建筑补充现有速生的大学校园里面缺乏的公共机能。我们成功地劝说清华大学接受了我们的建议，增加了咖啡厅展览和会议的空间，以及一个小小的图书馆，这是蛮大的突破。我相信这栋建筑建成以后，清华大学深圳研究生院的学生生活多少会有一些改善。

现在的大学生其实蛮惨的，深圳那么热，都没有地方待，我真不知道他们都待在哪，反正每次我去校园都看不到人。我们为室外空间也设置了一些功能，我们叫它学术交流层，把那些对舒适度要求不那么高的，例如学生的自习空间、休息空间放在这些层里。这些层里是没有空调的，所以非常节能。并且，即使在 8 月份最热的时候，那些飘浮着的空间下面有阴影的地方也是非常舒服的。因为有阴影就会有温差，有温差就会带来风，深圳即使是夏天，如果有风，还是可以忍受的。如果我们对温度的忍耐上下扩展两度左右，就可以节约非常多的能源。我们最初的竞赛方案试图去实现路易斯·康的服务空间设计夹层的想法，后来由于难度实在太大，没有实现。但我们把对设计夹层的思考进行转化后在垂直方向上实现了，在建筑的两侧做了夹层，中间的空间灵活多变。如今，科学技术过上一两年就会发生翻天覆地的变化，今天研究这个，明天可能就去研究一个新的方向

海洋中心

了，因此，对建筑来说，空调、管道等常常需要重新规划，而这个房子完全给了他们自由度。

同样，这也是一个造价很低的房子，我们基本上做了一个裸体建筑，从里到外全部是混凝土。有人问房子是不是还可以再节省一些造价？我说不能，所有衣服都已经脱光了。建筑内部做了很丰富的跟海洋有不同关系的空间。屋顶做了一个观景的花园。这个房子有 20 多米是在地下，所以地下部分的建造耗费了全部造价的差不多一半。也就是说，有一半的造价是从外面看不见的。因为是深海研究中心，它有一个非常非常深的实验水池，是一个有天光的水池。一多个月以前我去工地拍照片，那个时候室外已经很热了，但室内温度还是相当舒服。

灵活可拆装建筑体系

2013年之后，我们开始有机会实现一些在2001—2002年时研究的建筑的开放体系，要感谢万科给我们提供了机会。我意识到，中国今天有大量的临时建筑，一个典型的例子就是售楼处。它们的寿命短则半年，长也不过两三年。它们曾经是中国建筑师做一些标新立异的作品的难得机会。当然，现在这种机会比较多了。售楼处作为一个临时建筑的类型，造成了大量的浪费，所以我就想，能不能做一种体系，使售楼处的原型可以以工业化生产方式快速地建造，并且用完之后可以百分之百地回收。回收后的零件运到另外一个地方可以重新拼装起来，甚至可以拼成不同的样子。它可以被放置在各种不同的地方，你甚至可以用它在月球卖房子。将建筑拆成零件回收的想法是受中国古建筑的启发。中国古建筑很大的一个特点是，它不是钉起来的，也不是粘起来，你可以把它完全拆掉，然后再重新拼起来。

在北京的西南四环，郭公庄地铁站的边上，有一座我们设计的房子。我当时想做一个反设计的设计，一个没有设计的设计，所以我做了一个简单的筒状结构。虽然简单，可是由于它的建造要可逆，就是可以拆卸，所以要求不能有任何

可拆装售楼处

广州万科售楼处

焊接和打胶的地方。这就需要我们对施工节点进行全新的设计，包括钢结构的连接方式，铝板如何固定，最后，我们全部使用铆拴或者是螺钉。建筑从室外到室内都是模块化的，包括家具，我们还设计了一些沙发。特别有趣的是，开发商后来把这个建筑改成了三联书社。我估计是房子卖完了，舍不得拆。我一直盼着他们什么时候拆了这个房子，我想看他们怎么拆，但他们舍不得拆。

这个房子盖好之后，广州的万科又找到我们，提出再帮他们做一个。如果我们想省事儿的话，就直接把它搬到广州就可以了，但是考虑到气候的差异，我希望能做一个更加轻的建筑。有一年冬天我去瑞士看柯布西耶在苏黎世造的小亭子，我很早以前就知道那个项目背后的故事，当时客户希望把这个建筑做到非常轻，轻到不用任何重型机械就可以把它盖起来。受柯布西耶的启发，我用一个六角形作为基本的单元进行拼贴，尝试各种可能性，设计了这个 HEX-SYS/ 六边体系。这个房子只有 600 多平方米，由一个个室内单元和室外单元组成，每一个单元都像是倒着的伞，就是下雨打伞，风吹过来把雨伞吹翻了的样子。当两个雨伞靠在一起，就形成了一个拱形的结构。每一个单体自身非常轻，是一个倒锥形，就像一个漏斗，中间的柱子是空心的钢柱，作为排水管，可以回收雨水，这里有可持续性建筑的思考在里面。我们学习宜家，画了装配图解说明这个建筑的每一个零件要怎么拼接。我们自己做研究模型时，将它分为室外开放的模块和用玻璃封闭起来的室内模块，室内模块又分为透明的和不透明的，它们可以进行自由地拼贴。由于这个房子的建造体系大家都不熟悉，又要求每一个零件都可以被回收利用，当时很多人不敢投标，中标的单位做的时候也在不停摸索，我们也在建造过程中不断进行方案的深化。

坪山演艺中心

我们在坪山做的表演艺术中心于2014年底开工，是一个歌舞剧院。在做这样一个剧院之前我们了解到，过去20年间中国建造了两千多个剧院，这估计比全世界其他国家这几十年里建的剧院总数还要多。而且，这些剧院里有很多标新立异的奇怪房子，除了造型夸张之外，它们的使用状态也是非常令人担忧的。我看到一个报告中讲，其实大部分的房子利用率都不怎么样，包括北京的国家大剧院，每年有大量的国家补贴，许多公共建筑都是靠着补贴生存。做一个文化建筑不难，可是让建筑里面装满文化非常难，尤其是这里面装的还是我们不熟悉的西

坪山演艺中心

方歌舞剧。这些反思是我们设计的一个很重要的起点。首先，我们把建筑回归到它最原始的状态，一个正方体，80 米 × 80 米 × 24 米。我们想做一个飘浮的戏剧方盒子，一个品字形的歌剧院。我们关注单一模式的歌剧院经济运营上的问题，把它进行填充，以创收的功能和营利性的功能来补贴非盈利的状态。另外，剧院还具有一些对市民开放的功能，不需要很贵的票价就可以在里面观看演出。我们在建筑里设计了黑匣子空间。现在，大的剧院空间使用效率并不高，一百多个黑匣子剧场却很受使用者的欢迎。不同于一般剧院的外表空洞无物，环绕这样建筑的是具有不同功能的公共空间。整座房子做得非常节俭、非常紧凑，就像瑞士的机械表一样被塞满了不同功能的空间。同时，这个建筑中还包含了多个不同层次、不同开放性的空中花园。这是我们第一次做这么大型的剧院，技术上的挑战非常大，我们也是在一个不断学习的过程中。这个项目前前后后差不多要花费五年的时间建成。剧院内部从观影方式到非定性的布局，都使用了一些突破常规的方式。我 2009 年去葡萄牙看了几个 OMA（Office For Metropolitan Architecture）做的剧场，很受启发，认识到一个剧院的很多空间是可以一直保持开放性的，是不需要买票看戏也可以使用的。

除了这些实践项目，我们也在做城市研究，参与修复中国城市的研究项目和一些展览，比如我们在威尼斯双年展上做的室外项目“园中之园”，以及在芝加哥建筑双年展中展示的作品。

北京四中房山校区

2014 年落成的北京四中房山校区已经在很多杂志发表过了。我们叫它“田园学校”，屋顶是农田，地面是花园，学生在自然的鸟语花香之间拥有了全新的学习环境，这是对传统校园新的演绎。我们把教室放置在屋顶的农田和地面的花园之间，使较大的空间处于半地下的状态，形成了一种山的形态。其他的标准教室浮游在地面上，从一个空间到另外一个空间可以不经过室外，这对北京的恶劣气候和雾霾还是蛮有用的。而老四中的校园里是一个一个分散的建筑，冬天学生

北京四中房山校区

从一个楼到另外一个楼要不停地穿衣服、脱衣服。

新校区建成一年后，植物长得更好了，为了配合 9 月份开学，我们做了一个趣味地图，作为送给学生们的一个礼物。对学生们来说，从一个传统的校园搬到这样一个新的校园，由于不熟悉，可能会找不到地方。我们在趣味地图上设计了十几个不同的点，引导学生们把这个校园看成一个小的城市，去探索城市里面各种有趣的空间。在这个空间里，门厅变成了很奇怪的形状，但它是四通八达的，可以往下走，也可以往上走。

北京四中的校长是一位非常大胆改革的校长，他们把图书馆变成半开放的状态，晚自习的时候，家长可以跟孩子们一起看书，很多家长下了班以后都来这个图书馆看书，爸爸妈妈和自己的孩子一起读书是一个蛮有趣和感人的场面。

我们后来持续在做房子的改造。比如，阶梯教室被改造成了一个小小的剧场。在可容纳八百人的大礼堂上面，我们做了一个花园。半地下的篮球场、羽毛球场的天窗开在了上面的诗歌花园的座椅后面，有人在下面打球，有人在上面读书、弹吉他。校园里有 36 处楼梯，我们差不多把每个楼梯都做成了不同的样子，有

北京四中房山校区

北京四中房山校区屋顶农田

的主要的楼梯，每一层都不大一样。

我也很感谢学校没有把建筑空间里的门都锁住。这栋建筑门很多、路径很多，如果校长很保守的话，就会把很多门都锁住。我去检查过，每一个门都开着。下沉的竹园食堂像一座山漂浮着，如阿凡达电影里的浮岛一样。从食堂看出去是篮球场。我高中的时候经常吃完午饭就出去打篮球，我觉得食堂跟篮球场有着千丝万缕的联系，同学们可以一边吃饭一边看别人打篮球。我们在宿舍里做了一个很大的公共起居室，希望学生在宿舍里面不会觉得很枯燥，大家可以在一起读书、看电视。我偶然在建筑里发现了一个两层高的空间，就建议做一个攀岩的空间，屋顶的农田种了小麦，每个班一块农田，希望学生们不要忘记劳作。

在今天这么复杂的环境中，建筑圈如此热闹非凡，我希望我们能安静下来，想一想我们做建筑的目的是什么，我们建筑的意义是什么。建筑不仅仅与美学、图像、光线、物质、细部、精神、社会责任、可持续性、理论或者历史有关，而且它关乎所有的一切。在我们的时代和社会背景下，建筑具有改变人及人的生活方式的力量，能够为重构人造世界与自然之间的平衡提供更多的可能性。在此前提下，OPEN 直面一些挑战，投入到前所未有的机遇与巨大的困难之中。在社会与环境的剧变中，我们希望以实践来探索建筑的力量和潜能。

问答部分

Q1：李虎老师您好，我是清华大学美术学院《装饰》杂志的记者，非常感谢您的分享。您在建筑设计过程中对各方面周到的考虑，以及换位思考的方式都给了我很大的启发。从建筑的构建到家具设计，您都会给甲方提供很多想法。那么，请问您对北京四中校园内部的指向系统进行了怎样的处理？

李虎：我们相当难得地请到了做标识设计的天树设计公司，他们中的很多人也是美院的老师，2006年我们做当代MOMA的时候就跟他们合作过。因为北京四中新校区的房子跟传统的房子不大一样，楼层位置不大容易说清楚，所以需要使用者去感知。我们生活在北京，对东西南北很明确，但是换了城市，比如在台北、台南，你没法靠东西南北来定向，所以就要靠感知。标识系统对第一次来的参观者还是蛮重要的。我们花了很多的时间去设计，希望把它讲清楚。若现在你去校园，会发现标识做得相当到位。

Q2：有的建筑师认为图纸、建筑的绘画是更加核心的部分，他们认为评判建筑的前提不一定是要把建筑建出来，将一种现象或创作者观察到的东西通过建筑的思考融合到图纸里面表达出来，或者再做一个设计，也是建筑很重要的表达方式。但是，您的讲座内容很多都是实际的经验，您怎么看待这个问题？

李虎：好问题，尤其是在以后盖房子的机会越来越少了的情况下。我自己的情感经常留在 60 年代，虽然我是 70 后。60 年代的建筑思潮，在各个领域都是非常有共鸣的。那个时候的建筑师不屑于盖房子，这种思想在美国一直持续到 90 年代，一些最优秀的建筑师不屑于建造。你刚才提到的建筑师是我个人非常看好的两个年轻设计师。无论建筑绘画还是建造，重要的是思想，是你的思想能走多远。它是否能建出来，不是那么重要。思想传播的力量不仅仅限于建筑，因为诗歌是建造不出来的，文学也没有建造出来，但它们一样可以产生很大的影响，可能比建筑的影响更大。纵观一些重要的历史人物，海杜克、艾森曼等都是深深影响中国的建筑师。路易斯·康也有很多房子没有建成，阿卡格兰一个房子都没有建出来。比建成还是不建成（包括现在建筑界的流行语“完成度”）更重要的是建筑思想。我们自己的设计，大部分也都没有建成，我只是挑了有幸建成的一部分来讲。当然，我也越来越坚强，不会因为房子没有建成哭出来，但是的确有很多让人悲哀的东西。去年让我特别激动的三个项目，在今年年初有的夭折了，有的暂停了。在我们的日常工作里，有一类建筑是因为过于激进没有建成，有一些我们做的时候就没指望建成。我们平行在做很多事情，说没有指望建成也不准确，只是尚未建成。我对一个纯属虚构的事情并没有太大兴趣，我觉得还是适当虚构更为合适，就是说，这个建筑还是有机会落地和建成的，并且实现之后有一定影响力。我们做的大部分的城市研究都属于此类，包括北京二环的重新设计，我把它放在“二环 2049”项目中，也许 2049 年可以建成。

Q3：刚才您说在应对一些时间比较紧迫的项目时，会应用策略性比较强的方案，这种策略可以跟我们分享吗?

李虎：我没有成熟的套路，但是策略的确很重要，在中国尤其重要。因为我们面临的环境是，中国建筑行业还很不成熟，我们面对的每一个业主、每一个城市、每一个项目经常是混乱的，每一套体系都不一样，但你总要应对这些事情，如果你不想只做一个纸上建筑师的话。我热爱纸上建筑，但是我也不能只做纸上建筑，所以不得不绞尽脑汁找一些策略应对，但是我没有可以教给你的。什么叫策略？就是要因地制宜，每个项目都不一样，我没有成熟的可以写下来的策略。

Q4：您介绍之前在深圳做的清华大学的项目时提到，以后可能会根据需求提供改造的可能性。您给万科做的售楼处，后来被改造成了书店，之前一位老师做的建筑被改造成了餐馆。您最初的设计在实际使用时产生了一些变化，您对这一点有什么想法？当您的设定和业主最后使用的情况有一个差距时，这个差距在什么程度您觉得是可以接受的，或者说什么程度是您觉得不可以接受的。

李虎：我还是非常在乎一个建筑要具有一定程度的灵活性的，但不同的建筑类型在这方面的需求是不一样的。你刚才举的几个例子，清华的项目是基于我们的研究结果。我亲眼见到一个房子因为建的时候没有考虑清楚，现在满墙都是管道。我不希望这种事情发生，老师们也很讨厌这种事情，我们希望事先预料到可变性。万科的售楼处变成书店，我蛮高兴的，因为这个房子本来也没有说就一定要做售楼处，它就是一个空壳、一个筒，本身就暗示着各种可能性。我们做的深圳的表演艺术中心的剧院，剧场里面上演的戏剧可变，但空间是不变的。当时我们希望甲方在里面做一个非常棒的餐厅，餐厅就是可变的。控制不控制、变化不变化，也是要根据具体情况设定的，看是什么建筑类型了。

Q5：从您刚才介绍的福州的项目和清华大学在深圳的项目可以了解，您第一时间想到的都是公共空间在这个建筑里面的作用，无论是家长进来陪读，还是完全开放的咖啡厅。您每次在做这种建筑的时候，公共空间的社会意义是您的终极目标吗？还是您有其他的建筑理想？

第二个是比较实际的问题，您刚刚毕业的时候，对自己的建筑职业生涯有一个规划吗？还是走一步再看？

李虎：第二个问题好回答一点，没有规划。我读清华的时候还曾经想过要转专业，所以我真没有规划。每个人在职业生命里总会碰到不同的事情、不同的机会来改变你，碰到一个影响你的老师，碰到一个会影响你的城市，甚至一场旅行都会改变你。所以我是比较随性的人，也许会改行做别的事，但目前没有这个计划。我还是希望专心做一件事，因为这件事情已经非常丰富了。你每天早上起来要应对各种危机、新的机会、新的挑战、新的快乐或者是痛苦，这是一个非常丰富的职业，所以我还没有想要改行。

前一个问题，是不是终极目标。在我的建筑项目里面，你可能只看到了对公共空间的关注，其实我关注的非常多，包括能源、空间的形态，还有物质、光线、美学、精神、社会责任等很多问题。在每一个项目里面，我们对细节的关注也是到了控制狂的地步。建筑涉及方方面面，这里面的每一点都很重要。公共空间是建筑建成以后会直接产生影响的一点，但在我看来这是很自然而然的事情，因为我们所接触到的建筑绝大多数都是公共建筑。这里唯一一个完全不是公共建筑的是宿舍，宿舍是居住者自己的世界，我不去干涉这个世界。